K. A. Frickhinger

Wohnbiotop Garten

Teil I

Anlage & Pflege

Tetra

Tetra Werke Dr. rer. nat. Ulrich Baensch GmbH
Postfach 15 80, 4250 Melle 1, Germany

Satz und Layout: Olaf Schumacher, Wachtberg
Lithos: Flotho Reprotechnik, Osnabrück
Druck: Paderborner Druck Centrum

ISBN 3-89356-157-9

Inhalt

Vorwort

Wenn ich an meine Kindheit zurückdenke, so war es selbstverständlich, daß sich in den Wiesen bunte Schmetterlinge tummelten, schillernde Käfer zu sehen waren und das Gezwitscher der Vögel die Luft erfüllte. Selbst nach dem Ende des zweiten Weltkrieges schien die Welt noch so halbwegs in Ordnung gewesen zu sein. Ich erinnere mich noch gut daran, daß ich als Student auf dem Weg vom Bahnhof zu meinem Elternhaus an einem kleinen, mit Hainbuchen bewachsenen Waldstück vorbeiging, in dem ich seltene Pflanzen, wie Seidelbast, Türkenbund, Salomonssiegel, und selbst das weiße Waldvögelein vom Weg aus sehen konnte. Dieses kleine Wäldchen existiert heute noch, doch die seltenen Pflanzen sind verschwunden und haben Unkräutern, wie Giersch und Brennesseln, Platz gemacht. Oft muß ich auch an einen rauschenden Hochwald denken, der schon vor langer Zeit Wohnhäusern weichen mußte, und wenn ich mich gar an einen Hang erinnere, an dem es einst von Eidechsen und Blindschleichen geradezu wimmelte, wird mir immer wieder deutlich vor Augen geführt, wie arm unsere Natur geworden ist und wie es, wenn es so weitergeht, in wenigen Jahrzehnten aussehen mag.

Ich habe mir deshalb die Aufgabe gestellt, zumindest in meinen eigenen Garten ein Stückchen Natur zurückzuholen, und meine Erfahrungen haben mich gelehrt, daß das, was ich verwirklichen konnte, anderen auch möglich sein müßte, wenn sie nur die anfängliche Mühe nicht scheuen. Jeder kann sich sein eigenes Königreich schaffen und dadurch der bedrängten Natur wenigstens in begrenztem Rahmen eine Überlebenschance bieten.

Zumindest das mühevolle Sammeln von Erfahrungen kann ich willigen Lesern ersparen, ganz abgesehen von dem Lehrgeld, das ich zu zahlen hatte, bis ich endlich soweit war. Jahrelang mußte ich mich als Wald- und Moorläufer betätigen, habe Pflanzengesellschaften und Tierpopulationen studiert, um schließlich zu sondieren, was in unseren Gärten verwirklicht werden kann. Je mehr Menschen ich dazu anregen werde, meinem Beispiel zu folgen, desto besser sehe ich mein Ziel erreicht.

Zuletzt möchte ich nicht versäumen, an dieser Stelle einige Menschen zu erwähnen, denen ich in dieser Hinsicht viel zu verdanken habe:

Meinen Vater, Dr. H. W. Frickhinger, der mir als Zoologe schon im Kindesalter die Liebe zur Natur einimpfte, meinen allzu früh verstorbenen Freund Wolfgang Schiela und meinen langjährigen Mitarbeiter Dr. Hugo Herkner, von denen die beiden letzteren meine steten Begleiter waren, wenn es darum ging, die Natur zu durchstreifen. Weiterhin danke ich Herrn G. Decker und Frau A. Gehlen für das Lesen der Korrekturen. Mein besonderer Dank gebührt jedoch meiner Frau, Gertrud Frickhinger, die immer meine Bestrebungen unterstützte und sich vor allem als echter Gartenfan erwies und auch heute noch erweist.

Planegg, im Winter 1991

Wasser, Holz und ein grüner Hintergrund vermitteln einen natürlichen Eindruck.

Planung

Was ist ein Wohnbiotop ?

Lange habe ich überlegt, welchen Titel ich diesem Buche geben sollte. Das Wort „Naturgarten“ wollte ich auf jeden Fall vermeiden, da heutzutage die Tendenz vorherrscht, damit eine Art von naturbelassenem Garten zu bezeichnen, der mit der echten Natur nur sehr wenig Gemeinsamkeiten aufweist, da er vornehmlich von den üblichen Gartenunkräutern überwuchert wird. Natürlich hat auch ein solcher Garten seinen Sinn, denn es soll nicht vergessen werden, darauf hinzuweisen, daß beispielsweise die Brennessel als Futterpflanze der Raupen des Tagpfauenauges und anderer Schmetterlinge dient. Andererseits ist es nur allzu menschlich, die Flora in verschiedene Kategorien einzuteilen, die vom Unkraut bis zur Schmuckpflanze führen. Doch wie wir es auch betrachten, mit Natur hat ein solcher Garten wenig zu tun, und auch der Ästhet unter den Gartenfreunden wird dabei zu kurz kommen. Ich kann nicht umhin, solche Naturgartenbestrebungen für falsch zu halten, und möchte mich deshalb von dem im diesem Sinne gemeinten Wort „Naturgarten“ entschieden distanzieren.

Da wäre es schon ehrlicher, von einem „naturnahen Garten“ zu sprechen. Doch hiermit trifft man den Nagel auch nicht auf den Kopf, denn alles, was wir in unseren engen Grenzen unternehmen, wird immer künstlich bleiben. Unsere Möglichkeiten werden darauf beschränkt, das Bestmögliche zu tun, um brauchbare Lebensräume zu schaffen.

Wenn uns dies in einer solchen Weise gelingt, daß wir uns selber in einer derartigen Umgebung wohlfühlen, wenn Mensch, Tier und Pflanze so zusammenleben, daß jedem dieser drei Partner das gleiche Recht eingeräumt wird und alle zusammen eine Einheit bilden, dann ist der Zustand erreicht, den ich als „Wohnbiotop“ bezeichnen möchte. So hoffe ich, mit diesem selbstgeschaffenen Wort das zum Ausdruck gebracht zu haben, was ich mir als den Idealzustand vorstelle. Hier kann sich eine Umgebung verwirklichen, die sich weit abwechslungsreicher als die Natur selber gibt und wo wir auf engem Raum verschiedene Lebensräume schaffen, die nach und nach besiedelt werden und die von uns nur verlangen, mit ordnender Hand einzugreifen, wenn etwa einer überwuchert werden könnte.

Jeder Aufenthalt in einem derart gestalteten Garten wird zum Erlebnis. Täglich sehen wir etwas Neues, und der echte Naturfreund kommt bald soweit, daß er das Leben in seinem „Wohnbiotop“ dem in seinem Hause vorzieht, sooft es das Wetter zuläßt. Selbst unter widrigen Witterungsverhältnissen will er es sich nicht nehmen lassen, bei täglichen Rundgängen nach dem Rechten zu sehen und jede Neuigkeit, jede blühende Pflanze, jede Beobachtung eines Tieres, und sei es nur ein kleines Insekt, erfreut ihn stets aufs neue.

ALLGEMEINE GEDANKEN

Am Anfang steht immer die Planung, das heißt, man muß sich darüber Gedanken machen, was man eigentlich will. Vorweg sei gesagt, daß ich nicht über den Nutzgarten schreiben werde und auch nicht über einen idealen Spielplatz für Kinder. Keinesfalls schließe ich eine Aufteilung in mehrere Interessensphären aus, doch darüber muß die Entscheidung jedem einzelnen selbst überlassen bleiben.

Ich spreche ausschließlich vom Garten als einem erweiterten Wohnraum in Gemeinschaft mit Pflanzen und Tieren. In diesem Rahmen kann nun jeder seinen eigenen Geschmack entwickeln. Der eine wünscht sich möglichst viele Vögel in seinem Garten, ein anderer wieder legt den größten Wert auf Amphibien und Reptilien, und wieder andere geben sich mit der Kleinlebewelt zufrieden und haben Freude daran, Insekten zu beobachten. Es gibt jedoch auch solche, die besonders botanisch orientiert sind und für die nichts wertvoller erscheint, als viele seltene Pflanzen zu pflegen. Somit sollte jeder ein Ziel vor Augen haben, das er für besonders erstrebenswert hält und dessen Erreichen für ihn die Erfüllung bedeutet. Grundsätzlich möchte ich allerdings sagen, daß sich der Geschmack oft von der ursprünglichen Meinung entfernt, und es entwickelt sich Freude an Dingen, die man vorher überhaupt nicht beachtet hat, sobald man mit ihnen in Berührung kommt. So hat es sich meiner Erfahrung nach am besten bewährt, wenn man alle Möglichkeiten einschließt und sich dann davon überraschen läßt, was schließlich dabei herauskommt.

Die dunkle Kulisse betont den blühenden Strauch.

Der Herbst taucht alles in bunte Farben.

Anfänglich könnten manche denken: Mein Grundstück ist viel zu klein. Hier kann ich nie etwas Vernünftiges gestalten. Dieser Meinung gilt es entgegenzuwirken. Es ist geradezu erstaunlich, wieviel man auf kleinem Platz unterbringen kann. In unserer Hand liegt es, zunächst ausschließlich die Grundlagen zu schaffen. Welche Tierwelt sich dann im Laufe der Jahre ansiedeln wird, ist nicht vorauszusehen. Je abseitiger sich das Grundstück von dichten Siedlungsgebieten befindet und je näher ursprüngliche Naturlandschaften, sei es Wald, Wiese oder Feuchtgebiete, liegen, desto größer wird der Anteil der Tiere sein, die unsere Biotope besiedeln. Am leichtesten wird es möglich sein, solche Tiere anzulocken, die sich durch die Nähe des Menschen nicht stören lassen und außerdem so beweglich sind, daß sie auch Gebiete besiedeln können, die in unmittelbarer Stadtnähe liegen. Man spricht hier von „Kulturfolgern„, das heißt von solchen Tieren, die häufig die Nähe des Menschen suchen, weil sie sich dadurch Vorteile versprechen. Dies gilt vor allem für Vögel und manche Insekten, wobei wir nicht unwillkürlich an Plagegeister denken müssen, deren Beliebtheit sich in Grenzen hält.

Das Gegenlicht bringt die herbstlichen Farben besonders wirkungsvoll zum Ausdruck.

Amphibien und Reptilien breiten sich zwangsläufig nur dann in unseren Gärten aus, wenn ein natürliches Vorkommen in der näheren Umgebung besteht. Es soll dabei ausdrücklich darauf hingewiesen werden, daß unsere Naturschutzgesetze eine Entnahme solcher Tiere aus der freien Natur strengstens verbieten. Ich bin hier jedoch der Meinung, daß, wenn man irgendwo ein Gewässer zuschüttet, was leider unbegreiflicherweise auch heute noch geschieht, es zwar trotzdem nicht erlaubt ist, jedoch sicher stillschweigend geduldet wird, wenn wir in solchen Fällen beispielsweise Frösche oder zumindest Kaulquappen entnehmen und sie damit vor dem sicheren Tod bewahren.

Es ist jedenfalls möglich, eine echte Oase in der Wüste zu gestalten, und allein diese Tatsache spricht dafür, sich näher mit solchen Gedanken zu befassen.

Prüfung des Grundstücks auf Eignung

Natürlich sind nicht alle Grundstücke von Haus aus geeignet, die entsprechenden vielseitigen Biotope verwirklichen zu können. Doch es wird immer die Möglichkeit bleiben, sich nach den Gegebenheiten zu richten, auf irgendwelche Biotoptypen zu verzichten und dafür anderen den Vorzug zu geben.

Zunächst muß man die Besonnungsverhältnisse prüfen. Wenn sich das Grundstück nach Süden öffnet, dann können wir fast alles in die Tat umsetzen und haben dabei nur das kleine Problem, einige schattige Stellen zu schaffen. Wenn andererseits nur wenig Sonne vorhanden ist, dann wird es schon entsprechend schwieriger, und in diesem Falle sind wir gezwungen, uns auf eine Waldlandschaft zu beschränken. Selbst dies kann sehr reizvoll sein, nur ist es notwendig, immer für reichliche Feuchtigkeit zu sorgen, denn Schatten und Trockenheit zusammen sind der Feind jeglichen Wachstums.

Das waren die beiden Extremfälle. Wenn sich das Grundstück nach Osten öffnet, wird es vom frühen Morgen bis in die frühen Nachmittagsstunden besonnt sein, und wenn es sich nach Westen öffnet, können wir wenigstens am Nachmittag und am Abend mit Sonne rechnen.

Diese Umstände müssen bei der Planung sorgfältig berücksichtigt werden, damit man die richtigen Biotope am geeigneten Platz anlegt und uns so Ärger und Enttäuschungen erspart bleiben.

Die Größe des Grundstücks spielt dabei keine Rolle. Ich habe alle Überlegungen auf eine minimale Bepflanzungsfläche ausgerichtet und dabei an etwa 200 m^2 gedacht. Diese Fläche ist selbst in kleinen Grundstücken verfügbar, und sogar der sogenannte Handtuchgarten bietet uns immer noch genug Möglichkeiten. Wenn je-

An irgendeiner Stelle blüht es immer.

doch ein ausgedehnteres Grundstück vorliegt, kann ohne Schwierigkeiten alles entsprechend vergrößert werden. Ich gehe zunächst von einer theoretischen Größe mit den Maßen 20 x 10 m aus und betrachte diese in den beiden folgenden Skizzen sowohl im Längs- als auch im Breitformat. Als Idealfall setzt man voraus, daß das Grundstück bisher lediglich als unbepflanzte Wiese vorliegt. Bereits vorhandene größere Bäume und wertvollere Sträucher müssen bei der Planung berücksichtigt werden. Einen größeren Baum sollte man auch dann nicht fällen, wenn er offensichtlich im Wege steht. Ein Baum ist immer eine Pflanze, die schon viele Jahre alt ist und nicht ohne weiteres ersetzt werden kann. Wenn etwa Bäume viel Sonnenlicht wegnehmen, dann kann es trotz Südlage sinnvoller und letztlich „wohnlicher" sein, wenn wir uns mit einer Waldlandschaft begnügen. Bei weniger wertvollen Sträuchern ist mein Gewissen nicht so eng, und ich würde empfehlen, diese zu entfernen, falls sie stören, vor allem dann, wenn sie einen recht verwilderten Eindruck machen, wie es häufig vorkommt.

Wenn das Grundstück eine Hanglage zeigt, muß diese, falls sie sich nicht durch Planierung abflachen läßt, besonders in Betracht gezogen werden. Gerade solche Grundstücke bieten oft die Gelegenheit zu

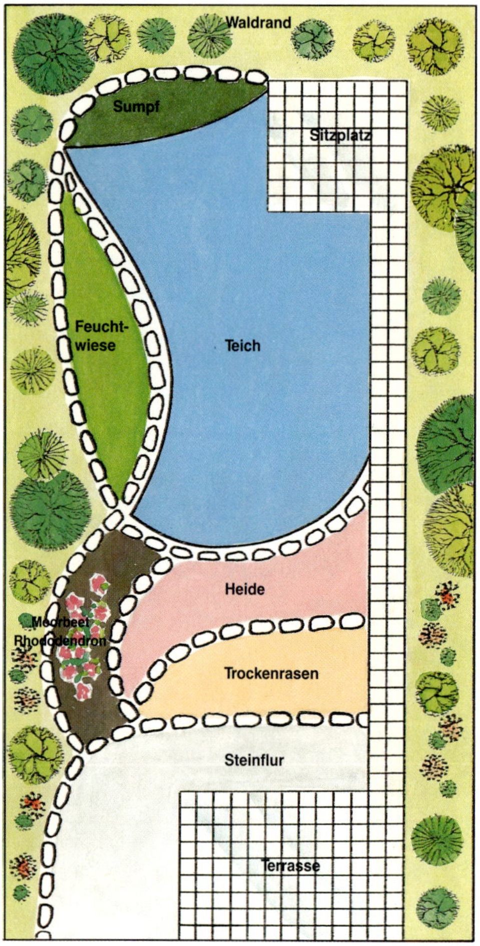

einer äußerst reizvollen Bepflanzung. Häufig steht ein Haus etwas von der Straße entfernt, so daß die Möglichkeit eines Vorgartens entsteht. So etwas läßt sich bei entsprechender Sonneneinstrahlung ganz vorzüglich als Heidegarten gestalten. Liegt dieser Vorgarten auf der Nordseite und erhält nur wenig Sonne, bietet sich eine abwechslungsreiche Farnlandschaft an, die aber, und dies sei ausdrücklich vermerkt, immer reichlich feucht gehalten werden muß.

Zuletzt noch ein Hinweis. Der gepflegte, kurz geschorene Rasen zeigt zwar eine grüne Fläche, ist aber darüber hinaus völlig „unbiologisch“. Ich habe mich dazu entschlossen, auf einen solchen Rasen völlig zu verzichten und ihn gegebenenfalls in

Die beiden Skizzen zeigen einen Vorschlag zur Verwirklichung verschiedener Biotope auf kleinem Raum.

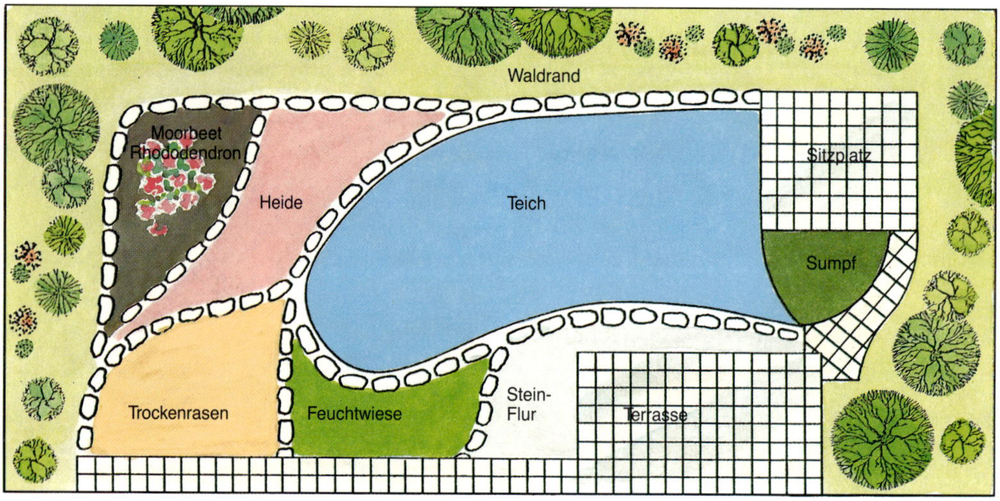

Mit den richtigen Augen gesehen, kann selbst jedes zu Boden gefallene Blatt ein reizvolles Motiv ergeben.

eine Blumenwiese umzufunktionieren. Ob jedoch Rasen oder Wiese, in beiden Fällen soll eine solche Anlage von den übrigen Biotopen gut abgetrennt sein. Wenn dies nicht angemessen berücksichtigt wird, ist der Anflug der typischen Rasen- und Wiesen-Unkräuter (leider bin ich gezwungen, schon wieder dieses problematische Wort anzuwenden) oftmals so stark, daß die sauber zu haltenden Biotope extremgefährdet sind.

Nach gründlichem Überdenken dieser Fakten ist es gar nicht mehr so schwer, eine endgültige befriedigende Lösung zu finden, um den Wunsch nach einem Wohnbiotop zu verwirklichen.

Anlage

Das Gestaltungsmaterial

Wenn ich hier von Gestaltungs- bzw. Dekorationsmaterial spreche, denke ich keineswegs an einen wasserspeienden Frosch am Rand des Teiches oder gar an ein „Manneken-Pis", wie es am Marktplatz in Brüssel zu finden ist. Auch über die ach so geliebten Gartenzwerge möchte ich nicht sprechen. Es kann alles als Geschmackssache gelten und über Geschmäcker läßt sich bekanntlich nicht streiten. Mit anderen Worten gesagt, stehen solche oder ähnliche Arten von Gestaltungsmaterial allein im Ermessen des einzelnen, und es wäre unpassend, den Stab darüber zu brechen, so daß ich mich weit davon entfernt fühle, solches zu empfehlen.

Tröge und Töpfe, vornehmlich aus Naturstein oder aus Ton, können einen geeigneten Platz beanspruchen, vor allem, wenn sie, bepflanzt mit sogenannten sommerblühenden Topfpflanzen, für Auflockerung sorgen. Besonders reizvoll mögen sie wirken, sobald sie zur Aufnahme von seltenen kleinen Pflanzen Verwendung finden, die sich besonders gut zu Ministein-

Eine ins Wasser ragende Wurzel sollte niemals fehlen.

Sattes Grün umrankt dieses Wurzelstück.

gärten gestalten lassen. Auf diese Weise können sie durchaus in ein Wohnbiotop eingefügt werden und sind sogar in der Lage, einem solchen eine besondere oder sogar individuelle Note zu verleihen.

Doch von solchen Nebendingen abgesehen, sollten wir immer unseren Lehrmeister in der freien Natur suchen. In alten Wäldern sehen wir malerische Strünke, aus denen Farne ragen, und dicke, mit Moos und Flechten übersäte Äste am Boden liegen. Ebenso häufig begegnen uns bizarre Steine, die, je weiter wir in gebirgige Gegenden vordringen, immer zahlreicher werden. Traumhaft sogar wirken echte Findlinge, die einst während der Eiszeit weit her von ihrer ursprünglichen Heimat durch Gletscher verfrachtet wurden. Wenn wir solches betrachten, dann wissen wir auch, wo wir das passende Gestaltungsmaterial für unseren Garten suchen und finden werden.

Wurzeln und Äste

Natürlich können wir nicht jede Art von Holz verwenden. Fichtenäste und sogar Wurzelstöcke halten nur wenige Jahre. Von noch kürzerer Lebensdauer sind Birken, wenngleich sie durch ihre weiße Rinde für den Augenblick sehr dekorativ wirken. Das

Selbst im zeitigen Frühjahr vor dem Austrieb des Bewuchses wirkt eine Wurzel dennoch lebendig.

So gestaltet entstehen beliebte Sonnenplätze für Frösche.

harzreiche Kiefernholz ist wesentlich ausdauernder, und als fast unverwüstlich erweisen sich Holzreste von Eichen. Wir müssen allerdings auch hier damit rechnen, daß die Rinde und das unmittelbar darunter liegende weiche Holz im Laufe einiger Jahre verschwinden. Doch das harte Kernholz ist auf Jahrzehnte hinaus haltbar.

Als eine besondere Fundgrube für Dekorationsholz können Moore betrachtet werden. Stücke, die schon viele Jahre vom Torf umschlossen waren oder gar in saurem Wasser lagerten, eignen sich bestens zur Ausschmückung unserer Gärten.

Doch wie sollen wir zu derartigem Holz kommen. Der einfachste Weg liegt immer noch darin, sich im Wald umzusehen und das Passende aufzuspüren. Wenn es sich um größere Stücke handelt, kann man diese aber nicht ohne weiteres an sich nehmen; es empfiehlt sich auf jeden Fall, den

Holz und Stein passen immer gut zusammen.

zuständigen Förster um seine Erlaubnis zu bitten. Dieser kennt meistens auch Möglichkeiten, wie wir gewichtige Hölzer in unseren Garten transportieren können. Sicherlich wird es dabei nicht ohne Kosten abgehen, aber diese werden auf solche Weise immerhin im Rahmen bleiben, weil doch sehr viele Förster als Naturfreunde bereit sein sollten, entsprechende Bestrebungen zu unterstützen. Leichter wird es jedoch, wenn in unserer erreichbaren Nähe ein Baum geopfert werden muß und wir schnell genug zur Stelle sind, um uns die passenden Teile zu sichern. Bei dieser Gelegenheit möchte ich auch ausdrücklich alte Obstbäume empfehlen, deren Holz

Deutlich ist auf diesen Wurzeln der Bewuchs mit Flechten zu sehen.

sich ebenfalls als besonders haltbar erweist. Glauben Sie bitte nicht, daß Sie jemals zu viel davon kriegen könnten. Allein die Umrandung eines Teiches schluckt mehr, als Sie annehmen. Wenn Sie gar noch solche Dekorationsstücke unter Sträuchern und Bäumen verteilen, dann werden Sie erstaunt sein, wie schnell eine Lastwagenladung verschwindet. Denken Sie bei der Beschaffung von Holz immer daran, daß Wasser das Gewicht beträchtlich erhöht. Am besten hat es sich deshalb bewährt, Holztransporte nach längerer Trockenheit durchzuführen.

Sobald Sie erstmal genügend altes Holz im Garten haben, werden Sie bemerken, daß sich mancherlei Leben einstellt. Insekten legen dort ihre Eier ab, Spechte und der Kleiber hacken die ausgeschlüpften Larven heraus, Moose und Flechten finden sich ein und nicht zuletzt auch manche Pilze, die dem toten Holz einen besonderen Reiz verleihen. Natürlich sollte ein Wurzelstock immer so in das Erdreich eingegraben werden, als wenn an seiner Stelle einstmals ein Baum gestanden hätte. Dabei füttern wir die Nischen zwischen den Wurzeln leicht schräg ansteigend mit Erde auf, um diese Stellen mit besonders dekorativen Pflanzen bestücken zu können.

Besonders die Trompetenflechte besticht unser Auge.

Auch Pilze gedeihen auf altem Holz.

Auch dicke Äste wirken besser, wenn sie wenigstens zu einem Drittel in der Erde liegen. Kleinere Stücke werden zum Abtrennen verschiedener Pflanzengruppen verwendet, und um den Teich herum ergeben sich so viele Möglichkeiten, daß es fast überflüssig ist, darüber zu sprechen. Wer also in seinem Garten nur einen halbwegs natürlichen Eindruck vermitteln will, der kann auf Holz nicht verzichten.

Eines soll abschließend noch ausdrücklich erwähnt werden: Ein kleiner typischer Holzstoß, wie er überall in Wäldern zu sehen ist, bietet immer einen reizvollen Anblick. Natürlich sollte er voll besonnt gelegen sein, um so als beliebter Aufenthalts-

Wenn wir Glück haben, kann sogar der Erdstern - eine Art von Bovist - bei uns gedeihen.

ort und Unterschlupf für Eidechsen zu dienen. Auch Specht und Kleiber werden in der oben erwähnten Weise ihre Freude daran haben, ganz zu schweigen von den zahlreichen Insekten, die hier einen geeigneten Lebensraum finden.

Weniger dekorativ wirkt ein Reisighaufen, der jedoch an einer nicht so leicht einsehbaren Stelle angebracht werden kann. Seine biologische Aufgabe liegt darin, Nistplätze für Rotkehlchen und Zaunkönig zu bieten, und auch die so beliebten Igel finden hier einen sehr geschätzten Wohnraum, vor allem dann, wenn man das Reisig um eine nach vorne offene Kiste aufhäuft. Dies ergibt nicht nur

Ein Holzstoß soll möglichst sonnig liegen. Er bietet einen beliebten Unterschlupf für manche Tiere.

eine komfortable Kinderstube, sondern auch ein bestens geeignetes Winterquartier für unsere stacheligen Freunde.

Von welcher Seite man es auch betrachten mag, Holz ist für den Garten unverzichtbar - nicht nur vom dekorativen

Standpunkt aus gesehen, sondern auch, weil es darüber hinaus eine wichtige biologische Aufgabe erfüllt. Schließlich sollte unser Wohnbiotop für Tiere ebenso attraktiv sein wie für uns selber.

GROSSE UND KLEINE STEINE

Es würde sich fast lohnen, über Steine ein eigenes Buch zu schreiben. Dieses Thema ist so unerschöpflich, daß man kaum weiß, wo man anfangen und wo man aufhören muß. Jedenfalls kann gesagt werden, daß Steine zu den bedeutendsten Gestaltungsstücken zählen, die in einen solchen Garten eingebracht werden können. Zunächst müßte man eigentlich bei den Japanern oder den Chinesen in die Lehre gehen, um überhaupt zu erfahren, was man mit Steinen alles machen kann. Diese Menschen haben das Setzen von Steinen geradezu zu einer Kulthandlung erhoben, und dies gilt als ein Teil der „Zen-Philosophie". Jeder Stein wird hin und her bewegt, von allen Seiten betrachtet, und zwar so lange, bis er endlich richtig liegt. Es herrscht hier die Meinung, die besten Ideen dazu würden sich in der abendlichen Dämmerung einstellen, und oft sind es nur einige Zentimeter, die über die endgültige Lage entscheiden. Andererseits gibt es nämlich ge-

Bizarre Felsen sorgen immer für Höhepunkte.

radezu abschreckende Beispiele, wie Steine manchmal verwendet werden können. Man denke dabei nur an ein sogenanntes Alpinum, das in regelmäßiger Weise mit Steinen von mehr oder weniger der gleichen Größe bestückt ist und dabei den Eindruck eines gespickten Rehrückens erweckt. Ebenso häßlich sind große Steine, die mit der Spitze nach oben aufgestellt werden und damit einer Felsnadel gleichen sollen. So etwas wirkt immer unmotiviert und ist ebenso abzulehnen, wie die Gestaltung eines Mini-Hünengrabes.

Steine müssen immer in Gruppen plaziert werden, und dabei sollten einem größeren Stein zwei bis drei kleinere Stücke zugesellt werden. Außerdem legt man sie stets auf ihre „faule" Seite, das heißt an die Stelle, an der sie zur Ruhe kommen, wenn sie einen Abhang hinunterrollen würden. Mit anderen Worten gesagt, sollte der Schwerpunkt ausnahmslos am Boden liegen oder, noch besser, ein wenig in den Boden eingegraben sein. Andererseits wirkt es oft sehr gut, sobald eine aus zwei größeren Steinen gebildete Gruppe von einem schmaleren oder flachen dritten in Art einer Klippe überragt wird. Besonders attraktiv sieht es auch aus, wenn flache Steine treppenförmig gestaltet werden.

Allerdings wird man es meistens vorziehen, die relativ seltenen, auf beiden Seiten flachen Steine als Trittplatten zu verwenden, und nur wenn genug davon vorliegen, denkt man an einen terrassenartigen Aufbau. Bezüglich der flachen Trittplatten gibt es allerdings einen ganz einfachen Trick. Wenn ein Stein nur eine einzige flache Seite hat, dann wird er eben so in den Boden eingegraben, daß die flache Seite oben liegt und dabei den Eindruck einer Trittplatte erweckt.

Wie eine Klippe überragt dieser Findling die darunterliegenden Steine.

Steine haben jedoch, ganz allgemein gesprochen, eine recht unangenehme Eigenschaft: Sie sind sehr schwer. Selbst solche von wenigen Dezimetern in Länge, Breite und Höhe wiegen schon einen oder gar mehrere Zentner, und große Findlingsblöcke erreichen oftmals das Gewicht ei-

Selbst unter noch kahlen Bäumen zeigt der Frühling schon seine schönsten Farben.

ner Tonne oder noch mehr. Hier wird der Transport in den Garten zu einem erheblichen Problem. So lange man einen mit einem solchen Stein beladenen Lastwagen an Ort und Stelle fahren kann, läßt sich dieses durch Abrutschen und Liegenlassen relativ einfach lösen. In manchen Fällen ist es auch möglich, vor allem wenn es sich um ein Eckgrundstück handelt, solche Steine mit einem Bagger über den Zaun heben zu lassen. Häufig jedoch wird so etwas nicht durchführbar sein, und wir müssen uns auf harte Arbeit gefaßt machen: Zuerst wird der Stein auf Holzrollen gelegt und dann mit einer Brechstange zentimeterweise vorwärts bewegt, wobei immer wieder ein neuer Rundling vorne untergelegt werden muß, wenn der Stein abzukippen droht. Dies ist natürlich sehr mühevoll und für manche überhaupt nicht machbar, wenn nicht entsprechende Helfer zur Verfügung stehen. Somit muß sich in bezug auf die Größe der Steine jeder nach den ihm zur Verfügung stehenden Möglichkeiten richten und sich gegebenenfalls mit kleineren Stücken begnügen.

Was hier bezüglich der Anordnung über größere Steine gesagt wurde, gilt in gleichem Maße für kleinere. Auch diese dürfen nicht von einheitlicher Größe sein und werden ebenso wie die großen grundsätzlich in Gruppen gelegt. Nur besonders schöne Solitärstücke können ausnahmsweise allein liegen.

Für den Transport von kleineren Steinen in den Garten empfiehlt sich die Verwendung einer massiven hölzernen Steintrage. Hierbei nimmt man zwei griffige Rund-

Mit einer soliden Trage lassen sich größere Steine transportieren.

Große Steine am Wasser bewirken eine eindrucksvolle Uferpartie.

hölzer, auf welche dickere Bretter in der Weise angebracht werden, daß auf jeder Seite zwei Tragearme herausragen, deren Länge so bemessen sein muß, daß ein menschlicher Körper bequem in den Leerraum paßt. Auf diese Trage werden die Steine gerollt und dann an Ort und Stelle transportiert. Es ist erstaunlich, daß so zwei untrainierte Männer bis zu drei Zentner tragen können.

Die Verwendung einer Schubkarre für größere Steine kann nicht empfohlen werden, weil es zunächst sehr schwer ist, einen solchen Stein in die Karre hineinzuheben, und es andererseits für einen Ungeübten nur unter großen Mühen möglich ist, diese im Gleichgewicht zu halten. Schon ein leichtes Verrutschen eines Steines kann zu Schwierigkeiten führen.

Bei dem Transport von Steinen, sei es auf Rollen oder mit Hilfe einer Trage, gilt eine eiserne Regel: Die Witterung sollte immer trocken und frostfrei sein, um Unfälle zu vermeiden.

Bisher haben wir frei von der Leber weg von größten und kleinen Steinen gesprochen. Nur eine Frage wurde noch nicht berührt: Wie sind solche Steine überhaupt erhältlich? Früher war das ganz einfach. Man mußte nur nach einer Baustelle Ausschau halten, an welcher derartige Steine zu Tage gefördert wurden, oder man konnte ein Kieswerk aufsuchen, vielleicht auch einen Steinbruch. Es war immer für ein „Trinkgeld„ möglich, sich einen Bagger und einen Lastwagen zu chartern, weil diese Steine im Weg lagen und jeder froh war,

Steine in verschiedenen Größen sorgen immer für Auflockerung.

Beste Wirkung durch bewachsene Lochsteine.

wenn er sie los wurde. Ich selbst habe vor mehreren Jahrzehnten mir meine Steine auf diese Weise besorgt und dabei oft nicht mehr als ein mitleidiges Lächeln geerntet, weil damals noch kein Mensch auf die Idee kam, sich Steine in seinen Garten fahren zu lassen. Heute hat sich sehr viel geändert. Es ist Mode geworden, Steine im Garten zu haben, und auch der Handel hat sich dieses lukrativen Geschäftes bemächtigt. Die Folge davon liegt klar auf der Hand. Schon kleinere Steine kosten mehrere hundert Mark, und für große Findlingsblöcke muß man zwei- bis dreitausend Mark hinlegen und zudem noch den Transport bezahlen. Für viele werden hiermit Steine ein unerfüllbarer Wunschtraum bleiben, wenn sie sich nicht die Mühe machen, sich solches Material in der freien Natur zu suchen.

Inwieweit so was erlaubt oder verboten ist, vermag ich allgemein nicht zu sagen.

Eine schmale Umrandung erleichtert den Zugang zum Ufer.

Ein Stein mit einer eingewachsenen Wurzel kann als Blickpunkt kaum mehr übertroffen werden.

In Gebirgsnähe oder in den Gebieten eiszeitlicher Moränen könnte es auch heute noch möglich sein. In manchen steinarmen Gegenden jedoch wird man wohl darauf weitgehend verzichten müssen.

Jeder hat aber auch heute noch Gelegenheit, von einer Urlaubsreise mit dem Auto einige Steine mitzubringen, auch Spaziergänge im Wald können dazu führen. Selbst ich lese sie noch heute von frisch aufgeschotterten Wegen auf und trage sie nach Hause, wobei ich allerdings zugeben muß, so anspruchsvoll geworden zu sein, daß ich nur noch bunte oder besonders schöne Stücke sammle. Ich finde immer wieder einen Platz, und es ist kaum mit Worten zu beschreiben, wie viele Steine man in einem Garten unterbringen kann, ohne daß dies zuviel erscheint.

Ob Findlinge, Bachkiesel, Sandsteine, Muschelkalkbrocken oder was es immer noch geben mag: Steine wirken stets besonders dekorativ. Auf eines sollte man allerdings achten: Steine verschiedener Herkunft dürfen nie zusammengelegt werden. Die einzelnen Gruppen müssen tunlichst nur aus einer Steinart bestehen, wobei ich absichtlich von der alten Regel abweiche, die vorschreibt, im Garten nur ein einziges Gestein zu verwenden. Am besten wird man, wenn nur uneinheitliche Steine zur Verfügung stehen, die einzelnen Biotope jeweils mit einer bestimmten Gesteinsart bestücken. So kann man vieles in seinem Garten gebrauchen, ohne den Eindruck der Unruhe zu vermitteln.

Zuletzt soll noch von dem beliebten Lochgestein gesprochen werden, welches von der Schwäbischen Alb stammt oder auch in weniger schönen Stücken von manchen Meeresküsten. Die Lochsteine der Schwäbischen Alb sind so im Laufe von Jahrtausenden entstanden, daß sich Regenwasser in flachen Stellen ansammelte und die darin enthaltene Kohlensäure unendlich langsam diese Löcher in das kalkhaltige Dolomitgestein einätzte. In dem Gebiet ihres natürlichen Vorkommens liegen diese Steine meist im Wald in der Erde vergraben. Sie stehen unter Naturschutz. Man darf nicht selbst zu Pickel und Schaufel greifen und sie ans Tageslicht befördern. Manchmal werden sie jedoch im Handel angeboten. Sie sind sehr teuer, und die Berechnung erfolgt nach Gewicht. Doch die Ausgabe mag sich lohnen, denn ein solcher mit kleinen alpinen Pflanzen bewachsener Stein gereicht zur wahren Augenweide.

Die beiden letzten Kapitel abschließend, soll nicht versäumt werden, darauf hinzuweisen, daß eine Kombination von Stein und Holz besonders dekorativ und auch natürlich wirkt. Ein Wurzelstock, geschickt in eine Steingruppe eingebaut, vermittelt immer einen reizvollen Aspekt. Somit bringt eine solche Zusammenstellung den Eindruck einer gewachsenen Landschaft. Holz und Stein kann man nie genug haben, und es empfiehlt sich auch, nach Vollendung der Anlage die Sammeltätigkeit weiterzuführen. Es wird sich immer ein Plätzchen finden, um Vorratsmaterial zu lagern. Für Steine eignet sich der Rand des Hauses, und auch Wurzelholz wird irgendwo untergebracht werden können. Erfahrungsgemäß kommt im Laufe der Jahre immer wieder einmal die Idee auf, etwas neu zu machen oder zu ändern, und dann ist man sehr froh, wenn schnell auf vorrätiges Gestaltungsmaterial zurückgegriffen werden kann.

Wege und Plätze

Wenn wir uns in unserem Wohnbiotop so richtig wohlfühlen wollen, so müssen wir daran denken, entsprechende Sitz- und Liegeplätze einzurichten. Diese von Anfang an in die Planung einzubeziehen, gehört zu unseren wichtigsten Aufgaben. Einer dieser Plätze sollte immer frei und sonnig liegen, und wenn sich irgendwie die Möglichkeit ergibt, ist es zweckmäßig, bei dem anderen für eine Überdachung zu sorgen. Dieser Punkt ist äußerst wichtig, denn wir wollen schließlich auch bei zweifelhaftem oder gar regnerischem Wetter unseren Garten genießen können.

Die Erfahrung hat gezeigt, daß der überdachte Sitzplatz sich möglichst an das

Auf einen überdachten Sitzplatz sollte man nicht verzichten.

Haus anschließen soll. Hier bietet sich eine Art von Terrasse an, die einen direkten Anschluß zum Haus ergibt. Je nach Himmelsrichtung wäre ein Windfang von Vorteil, der es überdies ermöglicht, in Verbindung mit der Überdachung eine geschützte Ecke zu bilden, die durch einen Infrarotstrahler erwärmt werden kann. So können wir auch kühlere Abende im Freien verbringen. Wer sich mehr Arbeit machen will, dem sei es freigestellt, einen Kamin anzulegen, der gleichzeitig zum Grillen dient.

Der andere, freie Sitzplatz sollte, wenn irgendwie machbar, an den Gartenteich anschließen. Hier bieten sich die besten

Ein Freiplatz ist nur bei gutem Wetter benutzbar.

und reizvollsten Beobachtungsmöglichkeiten. Es ist immer ein besonderer Genuß, am Wasser zu sitzen und dabei Tiere und Pflanzen zu betrachten. Am allerschönsten ist dies, wenn die Sonne im Rücken steht

und somit der Teich im richtigen Licht liegt. Das wird sich natürlich nicht immer so machen lassen. Es wäre jedoch der Idealzustand.

Weiterhin empfiehlt es sich, im gesamten Garten überall begehbare Wege anzulegen, und es bleibt dem Geschmack des einzelnen überlassen, ob dies durch Trittplatten oder durch einen geschlossenen Belag geschieht. Einzelne Trittplatten sollten immer so groß sein, daß der Fuß bequem darauf Platz findet, und sie dürfen höchstens in Schrittlänge auseinanderliegen. Außerdem sollten sie so verlegt werden, daß keine Stolpergefahr entsteht. Zweifelsohne wirken solche Platten lockerer. Sie

o: Der Sitzplatz: geborgen, aber mit Überblick.

u: Plattenbelegte Wege wirken dann besonders gut, wenn die Pflanzstellen erhöht abgegrenzt werden.

haben jedoch den Nachteil, daß man sie nur sehr schwer mit einer Schubkarre befahren kann, was erfahrungsgemäß immer wieder einmal vorkommt. So werden viel begangene Wege besser kompakt gestaltet und einzelne Platten dort angebracht, wo man nur selten hingeht.

Doch wie auch immer, die Wege und Trittstellen müssen so beschaffen sein, daß man im ganzen Gelände die Pflegearbeiten von einem festen Standpunkt aus durchführen kann. Auch wäre es wünschenswert, jederzeit trockenen Fußes durch seinen Garten gehen zu können, selbst wenn das Wetter nicht so ganz mitspielt.

Zum Gestalten der Wege gibt es natürlich viele Alternativen. Ich ziehe in jedem Fall Plattengestein vor. Hier haben wir den Vorteil des schönen Aussehens und der leichten Pflege. Welcher Art dieses Gestein sein soll, entspricht wieder einmal dem

o: Der eisenhaltige Kärntner Gneis zeigt bei Feuchtigkeit rötliche Farben.

u: Diese Pflanzstelle ist mit Bachkieseln vom Weg abgegrenzt.

Auch dieser Weg zeigt eine erhöhte Abgrenzung zu den Pflanzstellen.

Ein kleiner Steg über den Teich macht sich immer gut.

persönlichen Geschmack. Meines Erachtens kommen besonders zwei in Frage: Kärntner Gneis und Porphyr. Auch Weser-

Bei feuchtigkeitsliebenden Pflanzen verzichtet man auf eine Abgrenzung zum Weg, damit Regenwasser ungehindert einfließen kann.

Sandstein könnte herangezogen werden, wenngleich seine Haltbarkeit nicht der des Urgesteins entspricht. Alle vorgeschlagenen Sorten sind mehr oder weniger von roter Farbe und passen sich damit harmonisch der Umgebung an. Helle Platten wirken immer etwas auffällig und grell.

Plattenlegen muß, vor allem wenn es sich um größere Platten handelt, als eine sehr schwere Arbeit gelten. Wer nicht über genügend Kraft und über ausreichendes handwerkliches Geschick verfügt, sollte dies lieber von einem Fachmann ausführen lassen. Letzten Endes müssen die Platten

Hier reicht der Plattenbelag bis zum Wasser.

auch streng in der Waage liegen, was nicht immer leicht bewerkstelligt werden kann. Aus diesen Gründen möchte ich hier nicht näher darauf eingehen.

Natürlich gibt es auch andere Möglichkeiten, wie zum Beispiel den aufgekiesten Weg. Auch ein Belag des Weges mit Rinde käme in Betracht. Diese beiden Varianten bedingen aber immer einen höheren Pflegeaufwand, und es ist oft sehr mühevoll, solche Wege sauber zu halten. Schließlich könnte man noch an eine Art von Knüppeldamm denken, der wohl sehr natürlich wirkt, doch jede Anwendung von Holz zur Gestaltung von Gartenwegen wird immer problematisch, da es sich nicht vermeiden läßt, daß solche Wege bei Nässe rutschig werden und damit zu Unfällen Anlaß geben. Diese Gefahr ist besonders groß, wenn diese ein bestimmtes Alter erreicht haben und Moos auf dem Holz wächst. Ein derartiger Bewuchs erhöht die oben geschilderten Gefahren.

Zuletzt sei empfohlen, die einzelnen Biotope durch schmale Wege voneinander ab-

Geschickt angelegt, kann sich der Weg in der Weite verlieren.

zutrennen. Auf solche Weise kann verhindert werden, daß die Pflanzengesellschaften ineinander hineinwachsen, das heißt mit anderen Worten, durch eine Abtrennung wird die Kontrolle und die Pflege erheblich erleichtert.

Einfassungen, Mauern und Trockenmauer

Gleich zu Beginn sei gesagt, während die einzelnen Biotope gegebenenfalls mit passenden Steinen verschiedener Herkunft be-

Mauer und Plattenbelag sollten aus gleichem Gestein sein.

stückt sein können, sollten nach Möglichkeit Einfassungen und Mauern immer aus demselben Gestein bestehen, mit welchem wir Wege und Plätze belegt haben. Andernfalls ergäbe das Ganze ein zu uneinheitliches und damit auch unruhiges Bild.

Eine Mauer bietet sich beispielsweise an Plätzen als Sichtschutz oder auch als Windfang an. Derartige Mauern wirken am besten, wenn man sie aus Bossensteinen errichtet. Dabei hängt es von dem Geschmack des einzelnen ab, ob er bearbeitete Steine oder nur solche verwenden will, die zwar auf zwei Seiten gerade Schnittflächen haben, an den Außenrändern jedoch im Rohzustand verbleiben. Natürlich müssen sie fest mit Mörtel verbunden sein, und besonders hübsch sieht es aus, wenn man das Ganze oben mit Blumenkästen abschließt. Daß eine solche Mauer ein frostsicheres Fundament und eine Armierung aus Eisenstäben haben muß, darf als selbstverständlich vorausgesetzt werden. Im allgemeinen sind Mauern innerhalb eines Grundstückes genehmigungsfrei, soweit sie nicht eine Höhe von 1,20 Meter übersteigen. Handelt es sich dabei jedoch um eine Grenzmauer, muß man immer das Einverständnis des Nachbarn einholen.

Im Laufe der Jahre setzen die Steine Moos an.

Wenn aber die Plätze nicht mit Platten belegt, sondern nur aufgekiest sind, so bietet sich eine sogenannte Zyklopenmauer an. Diese besteht aus aneinandergefügten größeren Bachkieseln, die man ebenfalls der Haltbarkeit wegen mit Mörtel befestigt. Solche Zyklopenmauern sehen wir im Rohzustand sehr häufig in England und Irland, doch würde ich diese Art wegen der damit verbundenen Unfallgefah-

Treppen können durch Bewuchs ihre Härte verlieren.

ren nur bedingt empfehlen. Allerdings muß dabei vermerkt werden, daß rohe Mauern entschieden schöner und natürlicher wirken.

Plattenbelegte Wege erhalten einen besonderen Reiz, wenn man sie durch eine Einfassung von den bepflanzten Stellen abgrenzt. Dadurch liegen diese etwas erhöht, und die leichten Unterschiede im Gelände machen sich sehr angenehm bemerkbar. Auch sind die Pflanzstellen auf solche Weise besser zu kontrollieren. Einfassungen lassen sich sehr leicht ausführen, wenn man einfach rohe Bossensteine möglichst fugenlos aneinanderreiht. Die an einer Seite befindliche Erde, die auch im Laufe der Zeit in kleine Restfugen eindringt, hält solche Steine fest genug zusammen.

Zuletzt noch einige Worte über Trockenmauern. Es handelt sich hier um eine bepflanzte Mauer, die kaum Pflege verlangt. Man schichtet rechteckige oder plattenförmige Steine aufeinander und unterfüttert sie jeweils mit einer geringen Erdeinlage. Dabei sollte man darauf achten, daß die Steine mit einer leichten Neigung nach hinten aufgebaut werden, damit das Regenwasser nicht ungenützt ab-

Diese Treppe wirkt zwar architektonisch, fügt sich aber dennoch harmonisch in die Umgebung ein.

fließt und wenigstens zum Teil in die Fugen eindringt. Im allgemeinen wird für eine solche Mauer ein vollsonniger Platz gewählt, und man tut gut daran, gleich beim Aufbau die Pflanzen mit breitgedrücktem Wurzelballen einzufügen, da eine spätere Begrünung auf große Schwierigkeiten stößt. Obwohl es eigentlich als selbstverständlich gelten kann, sei der ausdrückliche Hinweis erlaubt, daß für eine Trockenmauer nur solche Pflanzen geeignet sind, die mit extrem wenig Wasser auskommen. Besonders empfehlen sich hierfür Dickblattpflanzen, wie Hauswurz oder Mauerpfeffer. Diese Pflanzen haben darüber hinaus den Vorteil, daß sie auch im nichtblühenden Zustand ihre Schmuckwirkung behalten, und viele davon verlieren selbst im Winter ihre grüne Farbe nicht.

Im Falle einer Trockenmauer kann man auch von dem Prinzip, für Wege und Mauern immer das gleiche Gestein zu verwenden, aus Zweckmäßigkeitsgründen abweichen.

Die meisten dieser Spaltenpflanzen lieben Kalk und würden sich damit in Urgestein, mit welchem normalerweise unsere Wege belegt sind, nicht wohlfühlen. Als sehr gut geeignet hat sich Travertin erwiesen, auch Tuffstein käme in Frage. Letzterer hat allerdings durch seine vielen Poren den Nachteil, sehr bald übermäßig zu vermoosen und damit im Laufe der Zeit einen ungepflegten Eindruck zu erwecken. Andererseits läßt sich gerade dieses Gestein wegen des wesentlich geringeren Gewichtes besonders leicht verarbeiten.

LICHT IM GARTEN

Wenn wir unseren Garten so richtig wohnlich einrichten wollen, können wir auf eine ausreichende elektrische Beleuchtung nicht verzichten. Gerade bei einer Neugestaltung oder einer tiefgreifenden Veränderung, in deren Zug ohnehin das Unterste zuoberst gekehrt wird, ergibt sich die beste Gelegenheit, elektrische Leitungen ohne größeren Mehraufwand in alle gewünschten Teile unseres Wohnbiotops zu verlegen.

Schon das Gartentor sollte beleuchtet sein.

Kleine Bodenleuchten erstrahlen im Garten auf geheimnisvolle Weise.

Am besten werden wir dazu den Platz unter den Wegen wählen. Hierbei bieten sich die Platten als Schutz an, so daß es nicht möglich ist, bei späteren Arbeiten, die ja im allgemeinen die Wege unangetastet lassen, die Leitungen versehentlich zu beschädigen. Grundsätzlich sollte man mit solchen Aufgaben einen Elektrofachmann

Diese Lampe erhellt die Einfahrt.

betrauen, denn letzten Endes brauchen wir ja die Garantie, daß uns nicht ein Kurzschluß dazu zwingt, alles wieder aufzureißen und von vorne zu beginnen. Wenn aber kein gepflasterter Weg zu der Stelle führt, an der wir unsere Lichtquelle haben wollen, so muß man die Leitungen mit einem geeigneten Kabelschutz abdecken. Schließlich kann man auch Plastikröhren zum Verlegen der Kabel verwenden.

Zumindest muß daran gedacht werden, die Sitz- und Liegeplätze mit elektrischen Anschlüssen zu versehen, die einesteils als Stromquelle für eine Gartenlampe und zum anderen zur Inbetriebnahme von jeweils einem oder zwei Strahlern dienen sollen. Um auch für alle Fälle noch über eine weitere Steckdose verfügen zu können, ist es zu empfehlen, eine solche von Haus aus zusätzlich einzuplanen.

Mancher mag zwar die Dämmerung oder auch mondhelle Nächte lieben, doch ist es auch nicht zu verachten, stets die Möglichkeit zu haben, sich an einem hinreichend beleuchteten Platz aufzuhalten und dort laue Sommernächte zu genießen, ohne dabei auf einen gedeckten Tisch oder ein Gläschen Wein verzichten zu müssen.

Verschiedene Lampentypen sorgen für Abwechslung.

Selbst dunkle Winternächte können durch Beleuchtung an Reiz gewinnen.

Besonders die Anwendung von Strahlern verspricht ein ungewöhnliches Erlebnis, wenn zartes Licht über den Teich und die anderen Anlagen streift und alles in einer geheimnisvollen, unbeschreiblichen Beleuchtung erscheinen läßt. Natürlich, und das sei ausdrücklich gesagt, darf man diese niemals so richten, daß sie das Schlafzimmer des Nachbarn erhellen. Doch das versteht sich wohl von selbst.

Zuletzt sei noch darauf hingewiesen, daß diejenigen, die Freude daran haben, Fledermäuse zu beobachten, die frühen Dämmerungsstunden ohne Licht verbringen sollten. Solche Tiere lieben es, die Umgebung von Gartenteichen aufzusuchen, um dort lautlos nach Insekten zu jagen. Leider sind diese fliegenden Säugetiere schon mancherorts sehr selten geworden, weil ihnen im allgemeinen in unserer Kulturlandschaft die geeigneten Brutplätze fehlen. Man darf sich deshalb glücklich schätzen, wenn derartige Lebewesen unser Wohnbiotop bereichern.

DIE RICHTIGEN ERDMISCHUNGEN

Welches Biotop wir auch einrichten mögen, wir brauchen immer lockeres Erdreich. Die normalerweise auf dem Grundstück liegende Humusschicht kann man im allgemeinen als Grundlage verwenden, wobei je nach Lebensraum eine Zumischung von Sand, Magerkompost, Moorerde oder Torf vonnöten ist. Auf alle Fälle muß die Erde durchlässig sein und darf keineswegs stagnierende Nässe halten. Damit ergibt sich, daß schwerer, lehmiger oder mergeliger Boden für unsere Zwecke Probleme bringt.

Zunächst sollte das für die Biotope vorgesehene Gelände etwa 30 cm tief ausgehoben und dann mit der entsprechenden Erdmischung wieder aufgefüllt werden. Dabei muß man bedenken, daß die frische Erdmischung in Kürze in sich zusammensackt. Es empfiehlt sich deshalb immer, einige Zentimeter über das bestehende Niveau hinauszugehen. Wenn kiesiger oder sandiger Boden vorliegt, so daß die Durchlässigkeit gewährt bleibt, müssen wir vor dem Auffüllen keine weiteren Maßnahmen ergreifen. Bei schweren Böden sollte man jedoch, falls man an dieser Stelle nicht eine Feuchtwiese oder ein Moor plant, noch etwas tiefer ausgraben und zunächst eine Drainageschicht, bestehend aus Steinen, Kies oder auch Ziegelbrocken, einbringen. Erst dann kann die eigentliche Erdmischung zugegeben werden.

Nun zu den einzelnen Erdsorten. Wenn von Sandzumischung gesprochen wird, ist dabei immer Quarzsand mit einer Körnchengröße von 0,5 bis 1 Millimeter gemeint. Feinere Sande neigen dazu, den Boden zu verschlammen und damit die Durchlässigkeit zu gefährden. Hiermit hätte man genau das Gegenteil dessen erreicht, was wir bezwecken wollten. Die entsprechenden Anteile werden bei den einzelnen Biotopen erwähnt.

Auf den Kompost braucht hier auch nicht näher eingegangen zu werden, weil dieser Art von Erde ein eigenes Kapitel gewidmet wird.

Nicht ganz so einfach ist die Moorerde darzustellen, vor allem wenn es weit und breit kein Moor in der näheren Umgebung gibt. Um es gleich vorweg zu nehmen und um alle Mißverständnisse auszuschalten: Moorerde ist nicht das gleiche wie Torfmull. Unter Moorerde verstehen wir eine lockere Erde von mehr oder weniger schwarzer Farbe und von saurer Reaktion. Sie stammt immer von sogenannten Flachmooren und hat ein wesentlich geringeres Alter als unser Torfmull. Wenn es sich auch um eine Magererde handelt, so ist sie dennoch nicht gänzlich nährstofffrei.

Doch was machen wir nun, wenn wir echte Moorerde nicht erhalten können? Als Ersatz nehmen wir Wiesenhumus, den wir halb und halb mit Torfmull vermischen und dann wieder zur Hälfte mit feinem Rindenmull, wie er heute in jedem Gartencenter angeboten wird. Diese Mixtur ist zwar von echter Moorerde weit entfernt, jedoch für unsere Zwecke ohne weitere Probleme verwendbar.

Über den Rindenmull müssen wir überhaupt noch einige Worte sprechen. Er wird in letzter Zeit mehr und mehr gebraucht. Damit will man die Verwendung von Torfmull begrenzen, da aus Gründen des Naturschutzes die Torfgewinnung eingeschränkt werden soll.

Ich kann den Sinn solcher Maßnahmen nicht recht begreifen, vor allem dann nicht, wenn der Torfmull von ohnehin entwässerten, also trockenen Mooren gewonnen wird. Wenn es sich jedoch um intakte Moore handelt, die durch Torfstechen zerstört werden, dann bin ich auch dafür, daß wir in unseren Gärten lieber ein Ersatzmaterial verwenden. Häufig steht jedoch auf den Ballen aufgedruckt, woher der Torfmull stammt, und wenn dort eindeutig auf trockene Moore hingewiesen wird, können wir gegebenenfalls unser Gewissen beruhigen.

Rindenmull fällt im Wald in großen Mengen an, weil ja schließlich alle zur Holzgewinnung gefällten Bäume entrindet werden. Zur Auflockerung des Bodens, wozu auch im allgemeinen Torfmull gebraucht wird, leistet er in unseren Gärten ebenso gute Dienste. Man kann sogar davon ausgehen, daß Rindenmull den Pilzwuchs fördert und damit den Gartenboden lebendiger macht, als dies der sterile Torfmull jemals tun könnte. So mag er gut verwertbar und in vielen Fällen sogar besser sein als die echten Moorprodukte.

Nur in einem Fall können wir auf Torfmull nicht verzichten, nämlich dann, wenn wir unter unseren Biotopen ein echtes Moor gestalten wollen. Hierzu brauchen wir die saure Bodenreaktion, die beim Rindenmull nicht unbedingt gegeben ist. Inwieweit sich gerbsaure Rinden, wie beispielsweise Eichenrinde, als Ersatz eignen würden, kann ich nicht sagen, da mir die entsprechenden Erfahrungen fehlen.

Eines jedoch steht immer fest: Wenn gedüngter Torf angeboten wird, was heutzutage sehr häufig der Fall ist, dann kann ebenso gut oder sogar noch besser Rindenmull verarbeitet werden, denn zum Gestalten eines echten Moores können wir gedüngten Torf nicht brauchen.

Einige Worte müssen abschließend noch zum Problem der Verwendung von Dünger gesagt werden. Ich selber dünge niemals, es sei denn bei meinen Balkonpflanzen. Alle anderen Biotope versorgt man - wenn überhaupt - nur mit Kompost.

Natürliche Pflanzen brauchen keine zusätzliche Düngung. Man kann im Gegenteil eher sagen, daß viele solcher Pflanzen Dünger nicht vertragen, und wir erreichen nur, daß unerwünschte Gewächse besser gedeihen und unsere Biotope überwuchern.

Zur Anlage einer Moorlandschaft können wir auf Torfmull nicht verzichten.

Unentbehrliche Helfer

Regenwürmer

Wenn wir am Morgen durch unseren Garten gehen, finden wir überall schwarze, krümelige Häufchen aus dunkler, reiner Erde. Mancher mag sich schon überlegt haben, was dies bedeuten soll. Sind es Kothaufen unbekannter und damit mißliebiger Tiere? Man könnte auf solche Gedanken kommen, denn auf den ersten Blick sieht es ganz danach aus.

Tatsächlich handelt es sich dabei um Kothaufen. Doch die Tiere, die sie produzieren, dürfen keineswegs gering geschätzt werden. Es sind die überaus nützlichen Regenwürmer, deren Anwesenheit als Indikator für biologisch einwandfreie Böden gelten kann. Diese Würmer nehmen organisches Material zu sich, verdauen dieses, verwandeln es in reinsten Humus und scheiden es in Form der oben erwähnten krümeligen Häufchen wieder aus.

Auf solche Weise wird der Boden laufend verbessert und, da diese Tiere unter der Erde leben und dabei Röhren graben, gleichzeitig aufgelockert und durchlüftet.

Diese krümeligen Gebilden sind Kothäufchen des Regenwurms. Sie bestehen aus reinstem Humus.

Wo organisches Material, wie Blätter oder ähnliches, fehlt oder wo der Boden zu sehr austrocknet, ziehen sich die Regenwürmer zurück, und die Folge davon zeigt sich nach längerer Zeit in Form von Verhärtung und Verdichtung, in Zuständen also, die viele Pflanzen und gerade die schönsten unter ihnen, absolut nicht vertragen. Auch Überdüngung können unsere nützlichen Freunde nicht aushalten, und besonders die laufende Anwendung von Schädlingsbekämpfungsmitteln sagt ihnen durchaus nicht zu. Achten Sie deshalb immer darauf, ob Sie genügend solcher Humuskothäufchen finden, und wenn dies nicht zutrifft, dann ist es höchste Zeit, sich darüber Gedanken zu machen, welche Umstände daran die Schuld tragen.

DER KOMPOST

Was so in unseren Anlagen im Kleinen geschieht, das bewirkt ein Komposthaufen im großen Stil. Vielleicht wäre es gar nicht so abwegig, diesen Teil unseres Gartens mit einem Riesen-Regenwurm zu vergleichen, denn schließlich kommt dasselbe dabei heraus: reinster gesunder Humus, auf den wir niemals verzichten können.

Dieses Thema mag zwar nicht sonderlich beliebt sein, doch wir müssen dennoch eingehend darüber sprechen, weil ein Komposthaufen für eine biologisch funktionierende Gartenanlage einfach nicht wegdiskutiert werden kann. Vielleicht gilt es zunächst mit einigen Vorurteilen aufzuräumen. Kompost verbreitet niemals einen unangenehmen Geruch. Ganz im Gegenteil kann seine Ausdünstung sogar als angenehm bezeichnet werden, vorausgesetzt allerdings, daß nur pflanzliche Abfälle zur Kompostierung verwendet werden. Alles, was der Garten und auch die Küche an solchem Material abgeben, ist dazu geeignet. Wir kommen auf diese Weise auch den heutigen Bestrebungen zur Trennung des Mülls entgegen, denn wenn alle pflanzlichen Küchenabfälle zur Kompostierung herangezogen werden, haben wir die sonst immer größer werdende Müllmenge gleich um ein gutes Stück reduziert.

Allerdings sei davor gewarnt, Fleisch und Knochenabfälle und andere Nahrungsreste dem Kompost hinzuzufügen. Solches Material würde sich zwar auch zersetzen, doch dann ginge es nicht ohne Geruchsbelästigung ab.

Andererseits können wir alles in besten Humus verwandeln, was auch immer unser Garten hergibt: Laub, Pflanzenreste aller Art und sogar Holz, wie wir im nächsten Kapitel sehen werden.

Wir müssen uns nur zunächst ein geeignetes Plätzchen für eine solche Anlage suchen. Ein schattiges Stück ist unverzichtbar, und wir werden auch nicht gerade erpicht darauf sein, daß der Komposthaufen eine dominierende Stelle belegt und von überall her einsehbar bleibt. Ideal wäre ein schmaler Streifen auf der Nordseite des Hauses, mit welchem man sonst ohnehin nichts anfangen könnte, oder wenn dies nicht möglich ist, dann wird man einfach diese Anlage mit ein paar Sträuchern umpflanzen und so den Blicken entziehen. Auf alle Fälle sollte ein gut begehbarer und auch mit der Schubkarre befahrbarer Weg dahin führen, denn der hier gewonnene Humus muß ja schließlich abtransportiert und im Garten verteilt werden.

Doch nun zur Anlage selber. Hat man den richtigen Platz gefunden, wird man zunächst einmal die Fläche, die vorgesehen ist, etwa 20 cm tief ausgraben. Hier ist ausnahmsweise schwer durchlässiger Boden gefragt. Bei sandigem oder kiesigem Untergrund müssen wir mit etwas Lehm nachhelfen, da der Kompost immer leicht feucht sein sollte und niemals austrocknen darf.

Es gibt heute überall in Gartencentern geeignete Kompostboxen zu kaufen. Diese müssen mindestens einen Kubikmeter fassen, denn eine solche Menge an kompostierbarem Material gibt auch der kleinste Garten im Laufe eines Jahres her. Hölzernen Behältern sollte der Vorzug gegeben werden, wenn auch deren Haltbarkeit sich in Grenzen hält, weil das sonst so beliebte Eternit in der letzten Zeit aus gesundheitlichen Gründen mehr und mehr in Verruf geraten ist. Diese Boxen sind so konstruiert, daß man rundherum die Seitenbretter herausnehmen und durch variables Zusammensetzen die Größe des Behälters der angefallenen Kompostmenge anpassen kann. Wer ganz gründlich vorgehen will, der wird drei solcher Boxen erwerben. Notfalls kommt man auch mit zweien aus und lagert die fertige Komposterde, für die die dritte bestimmt wäre, einfach auf dem Boden. Bestenfalls beansprucht unsere Kompostanlage somit einen Platz von etwa drei Quadratmetern.

Die Verarbeitung gestaltet sich nun ganz einfach. Man füllt den ersten Behälter im Laufe des Jahres, gibt von Schicht zu Schicht immer etwas Erde dazu und, je nachdem, ob man kalkfreien oder kalkhaltigen Kompost gewinnen will, auch etwas Kalk und läßt das Ganze über den Winter stehen. Im nächsten Frühjahr zieht man mit Hilfe einer gekrümmten Gabel, einer sogenannten Misthacke, den noch nicht zersetzten Anteil in die zweite Box und bringt den unten liegenden, bereits fertigen Humus nach Durchwerfen mit Hilfe eines Drahtgitters in der dritten unter. Das Material, welches das Gitter nicht passiert, wird dann dem zweiten Behälter hinzugefügt.

Warum ist eigentlich der Kompost so ungeheuer wichtig? Damit kommen wir wieder zum Anfang dieses Kapitels zurück, nämlich zu den Regenwürmern. Diese finden sich in unserem Kompost in großer Menge ein, um dort ihr nutzvolles Werk zu verrichten. Dabei haben sie die Unterstützung von Bodenbakterien und auch von Pilzen. Die Regenwürmer ziehen sich in der fertigen Komposterde weitgehend zurück, weil es für sie dort nicht mehr viel zu holen gibt. Pilze und Bakterien, die ganze reiche Kleinlebewelt des Bodens, bleiben jedoch erhalten, und mit diesen Mikroorganismen werden unsere Anlagen laufend geimpft, wenn wir Kompost aufstreuen.

Natürlich wird sich der Kompost kaum völlig frei von Unkrautsamen halten lassen, doch stellt dies kein größeres Problem dar, da man die daraus keimenden kleinen Pflänzchen unschwer entfernen kann. Im Gegenteil, wenn wir solche Keimlinge nicht ausrupfen, sondern knapp über dem Boden mit einer Schere abschneiden, so werden deren zarte Wurzeln im Boden verrotten und ihrerseits wiederum zur Neubildung von Humus beitragen.

Doch abgesehen von diesem kleinen, kaum erwähnenswertem Nachteil bringt die lockere Komposterde mit ihrer reichen Mikrolebewelt nur erhebliche Vorteile. Der Boden bekommt alles zurück, was ihm die Pflanzen entnommen haben. Dadurch werden Mangelerscheinungen vermieden. Eine weitere Düngung ist nicht notwendig, und letzten Endes erhalten unsere Pflanzen die Kraft und Gesundheit, die sie widerstandsfähig, wenn nicht gar unangreifbar für Schädlinge und Krankheiten machen. Wir schlagen mit Hilfe unserer Kompostwirtschaft zwei Fliegen mit einer Klappe, und dies dürfte es allemal wert sein, sich näher damit zu befassen. Eine Kompostanlage ist für unser Wohnbiotop unentbehrlich, und der Platz, den man dafür opfern muß, ist so gut angelegt, daß wir es nicht besser machen könnten.

Der Gartenhäcksler

Schon vor mehreren Jahrzehnten erwarb ich von einem Bauern eine alte Häckselmaschine. Ich benutzte und benütze sie noch heute zur Verarbeitung allen Strauch- und Astwerks, das mein Garten hergibt. Die kleinen Holzstückchen habe ich dann immer als Mulchmaterial verwendet und unter Sträuchern und Bäumen verteilt. Die ganze Maßnahme entsprang der Überlegung, daß der Boden alles wieder zurück kriegen müsse, was er jemals hergegeben hat. Den Erfolg sollte ich auch schon sehr bald merken, denn an vielen der so versorgten Plätze stellte sich alsbald lebhafter Pilzbewuchs ein, und darunter waren auch die gut eßbaren Parasol-Pilze, die mir zu mancher Mahlzeit verholfen haben. Die Überlegung, auch alles Holz wieder dem Garten zuzuführen, hat sich damit als absolut richtig erwiesen.

Damals war ich meiner Zeit lange voraus, denn in diesen Jahren dachte noch kein Mensch daran, eine Häckselmaschine im Garten zu verwenden. Heute hat sich dies alles verändert. In jedem Gartencenter kann man nunmehr solche Geräte im Kleinformat, welches sich unserem Bedarf anpaßt, erwerben. Insgeheim freue ich mich darüber, daß somit eine Idee publik wurde, wegen der ich früher manches mitleidige Lächeln einstecken mußte.

Einen solchen Gartenhäcksler halte ich immer noch für unverzichtbar, und ich möchte eine derartige Maschine jedem, der mehr aus seinem Garten machen will, wärmstens empfehlen. Natürlich können diese kleinen Geräte auch krautige Abfälle und manche sogar Laub verarbeiten. Durch eine solche Zerkleinerung wird die Kompostierung erheblich beschleunigt, und selbst klein geschnittene Äste und Zweige, die sonst oft Jahre zum Verrotten brauchen, werden in wesentlich kürzerer Zeit in Humus umgewandelt.

Nach wie vor eignet sich verhäckseltes Holz auch als Mulchmaterial, und wir können mit diesen Maßnahmen manchen doch immerhin kostspieligen Sack mit Rindenmull sparen. Außerdem ist es in jedem Fall besser, solche Rohstoffe selbst zu verarbeiten und dem Garten wieder zuzuführen als diese, wie es leider sehr häufig gehandhabt wird, in den Wald zu fahren und dort abzuladen. Ich ärgere mich jedesmal, wenn ich auf meinen Waldspaziergängen unschöne Haufen sehe, deren Gartenherkunft nicht verleugnet werden kann.

Dieses Verhalten ist auf jeden Fall undiszipliniert und schärfstens abzulehnen, abgesehen von der Tatsache, daß auf diese Weise unseren Gärten viel wertvolles Material verlorengeht. Somit möchte ich noch einmal die Wichtigkeit eines solchen Gerätes zur Erhaltung unseres Wohnbiotops betonen, und ich kann mir nicht vorstellen, wie ich ohne meine Häckselmaschine auskommen könnte.

Häckselgut eignet sich vorzüglich zum Abdecken nackter Erde.

Die einzelnen Biotope

Vielleicht erschrecken Sie ein wenig, wenn Ihnen im folgenden neun verschiedene Biotope angeboten werden. Bitte betrachten Sie dies nur als Vorschlag, der Ihnen zeigen soll, was man alles verwirklichen kann. Ihren persönlichen Interessen sind dabei keine Grenzen gesetzt. Die beiden Skizzen zeigen zwar eine Kombination aller Vorschläge, doch Sie haben die Wahl, sich zu überlegen, für was Sie sich entscheiden wollen. Ich habe mit Erfolg versucht, mehrere solcher Lebensräume auf einem kleinen Platz so nebeneinander anzulegen, daß das Ganze eine Einheit ergibt und einer Unmenge verschiedenster Pflanzen die richtigen Lebensbedingungen bietet. Es gelang mir, Trockenrasen, Feuchtwiese, Steinflur, Heide und Waldrand übergangslos ineinander zu integrieren. Sogar einige Feuchtstellen in Form von Eternittrögen haben darin Platz gefunden und dienen zauberhaften Zwergseerosen als Lebensraum.

Sie hegen sicher Zweifel, wenn Sie diese Zeilen lesen, und möglicherweise erscheine ich Ihnen durch die zusätzliche Anmer-

Ein Teich bildet für jeden Garten den Mittelpunkt.

kung unglaubwürdig, daß dies alles nicht einmal einen Raum von 50 m^2 einnimmt. Doch ich kann nur versichern, damit die Wahrheit gesagt zu haben. Auf diesem Stück blüht es bereits aus dem Schnee heraus, und das setzt sich das Jahr über fort, bis die ersten stärkeren Fröste dem Zauber ein Ende bereiten.

Sogar manche Tiere beanspruchen diesen Lebensraum für sich. Viele Insekten, vor allem die zarten Schwebfliegen, Bienen und Hummeln, Marienkäfer, Schmetterlinge, Libellen, ganz zu schweigen von prachtvollen, bunten Spinnen, geben sich hier ein Stelldichein.

Doch auch einige Grasfrösche kann ich immer beobachten, ebenso wie die kleinen Unken, die sich in den winzigen Seerosentrögen wohlfühlen. Es wäre dies auch ein geeigneter Platz für Eidechsen, wenn mir die wildernden Katzen nicht schon vor einigen Jahren alle umgebracht hätten. Natürlich soll ebenso nicht vergessen werden, Vögel zu erwähnen, die immer etwas zu picken finden, wenn auch die plündernden Amseln mir gelegentlich Ärger bereiten.

Freilich bedarf es erheblicher Erfahrung, einen solchen Multibiotop zu schaffen, und ich will dem Leser nicht zumuten, so etwas auf Anhieb zu versuchen. Doch ich nehme an, es ist immerhin interessant zu hören, daß derartiges im Bereich der Möglichkeiten liegt und mit dem nötigen Fingerspitzengefühl verwirklicht werden kann.

Einzelne, voneinander abgetrennte Biotope sind leichter zu gestalten und bedürfen geringerer Kenntnisse, wenn man bereit ist, Grundsätzliches anzuerkennen und aus Anfangsfehlern zu lernen. So soll im Folgenden ein Lebensraum nach dem anderen gestreift werden, wobei Ihnen die Wahl bleibt, für was Sie sich entscheiden und auf was Sie verzichten wollen.

Seerosen sind der schönste Schmuck des Teiches.

Der Teich

Wo Wasser ist, da gibt es auch Leben. Diesen alten Grundsatz gilt es zu berücksichtigen. Damit soll gesagt werden, daß wir gegebenenfalls von allem anderen absehen können, wenn nur der Teich die ihm zustehende erste Rangstelle einnimmt. Im Zuge der Evolution ist alles Leben im Wasser entstanden, und wenn auch Tiere und Pflanzen im Laufe von Jahrmillionen das Land erobert haben, so gibt es auch heute noch keine Lebewesen, welche völlig ohne Wasser auskommen. Somit steht der Teich im Mittelpunkt unseres Wohnbiotops. Er lockt zahlreiche Vögel an, die daraus trinken und in ihm baden, und man muß nur für die geeigneten Nistplätze sorgen, um die gefiederten Freunde zu Dauergästen zu machen. Im Teich entwickeln sich die zauberhaften Libellen, die uns von Mai bis Anfang November erfreuen, der Igel stillt hier seinen Durst, ganz zu schweigen von den possierlichen Wasserfröschen, die die Ufer bevölkern, und von Molchen, Kröten und anderen Amphibien, die hier ihren Fortpflanzungsgeschäften nachgehen. Nicht vergessen sein sollen auch die

Am seichteren Rand schaffen wir Plätze für zwergige Seerosen.

Seerosen mit ihren geheimnisvollen Blüten, deren Anblick je nach Art vom späten Frühling bis in den Herbst hinein unserem Auge wohltut.

Ein Garten ohne Teich wird immer eine halbe Sache bleiben. Es fehlt darin das Zentrum, das stets als Blickfang dient und das dem Garten die Note verleiht, die ein Wohnbiotop einfach haben muß. Er entwickelt sich mit Sicherheit zu unserem Lieblingsplatz, und es vergeht kaum ein Tag, an dem wir nicht wenigstens kurz vorbeischauen, um zu erleben, was uns an Neuem geboten wird.

Große Steine können auch neben dem Wasser liegen.

Im Laufe der Jahre werden wir auch unsere Nachbarn anstecken und in ihnen den Wunsch erwecken, selbst so ein Gewässer zu besitzen.

Wenn dann auf solche Weise überall rundum Teiche entstehen, dann dürfen wir sicher sein, einen wesentlichen Beitrag zum Naturschutzgedanken geleistet zu haben,

Man muß immer aufpassen, daß sich auf der Teichoberfläche keine Wasserlinsen ausbreiten.

Oft entscheidet die Randkulisse über die Wirkung eines Teiches.

der letztendlich darin gipfelt, neue Lebensräume für die bedrohte Tierwelt zu erschließen.

Zuletzt noch ein tröstliches Wort für diejenigen, die glauben, ein Teich mache viel Arbeit. Das Gegenteil ist der Fall. Manchmal müssen wir Algen und Wasserlinsen herausfischen, und alle paar Jahre sollten Pflanzen, die sich zu sehr ausgebreitet haben, gelichtet werden. Im großen und ganzen handelt es sich um einen natürlichen Biotop, der sich weitgehend von selber erhält. Rasenmähen ist jedenfalls mühevoller.

DER RICHTIGE PLATZ

Zunächst müssen wir das Grundstück dahingehend überprüfen, wo der richtige Platz für unseren Teich liegt. Er sollte sich auf sonnigem Gelände erstrecken und speziell von den Sitzplätzen aus gut einsehbar sein. Freilich darf ein kleiner Teil leicht überschattet werden, denn während die Seerosen volle Sonne lieben und verlangen, so gibt sich die gelbe Teichrose mit schattigeren Lagen zufrieden. Auch die Seekanne öffnet bei weniger Sonnenbestrahlung willig ihre Blüten.

Bei nicht völlig ebenerdigen Grundstücken empfiehlt es sich, für den Teich möglichst die tiefste Stelle zu wählen. An einem höheren Punkt besteht die Gefahr der unnatürlichen Wirkung. Die unmittelbare Nähe von Laubbäumen sollte, wenn möglich, wegen des herbstlichen Laubfalls gemieden werden. Nadelbäume machen nicht so viel aus, vorausgesetzt, daß sie im Hintergrund stehen und somit keine Sonne wegnehmen. Nicht allzu hohe Sträucher können in der Nachbarschaft geduldet werden, da ihre Laubproduktion nicht sehr ins Gewicht fällt.

Auf jeden Fall wäre es wünschenswert, einen Sitz- und Liegeplatz in Ufernähe einzuplanen. Bei der Neuanlage ergibt dies kein Problem, während so etwas später oft

Ein kleiner Teich direkt vor der Terrasse kann sehr reizvoll sein.

Ein neu angelegter Teich mit großen Steinen.

gar nicht oder nur unter großen Schwierigkeiten verwirklicht werden kann. Denken Sie rechtzeitig an einen Stromanschluß, und auch ein Wasserhahn erspart die Arbeit, meterlange Schlauchleitungen zu legen, wenn es nach einer Reihe von heißen Sommertagen nötig ist, Wasser nachzufüllen. Häufig reicht zwar der natürliche Regen aus, um das verdunstete Wasser zu ersetzen. Jedoch in trockenen Sommern läßt sich zusätzliche Wasserzufuhr nicht vermeiden. Wenn so alles gründlich überdacht wurde, können wir mit den eigentlichen Arbeiten beginnen.

DER AUSHUB

Zunächst bestimmen wir die Form des geplanten Teiches. Dazu wird eine Wäscheleine am Boden gemäß den gewünschten Umrissen ausgelegt, oder, wenn diese nicht reicht, leistet eine Spur aus Sägemehl oder ähnlichem Material die gleichen Dienste. Dabei lassen sich immer noch Änderungen vornehmen: Hier wird eine Einbuchtung tiefer gestaltet, dort eine Spitze länger ausgezogen, und dieses kann so lange fortgesetzt werden, bis der Eindruck entsteht, es nicht mehr besser machen zu können. Der Umriß sollte über Nacht liegenbleiben, damit sich am nächsten Tag noch einmal die Möglichkeit einer Überprüfung ergibt. Erfahrungsgemäß finden sich dabei häufig noch Kleinigkeiten, deren Berücksichtigung dann schließlich zu der begehrten harmonischen Form führt.

Entlang der nun festgelegten Linie sollte ein schmaler Streifen ausgehoben werden,

Hier säumen Nadelbäume den Teichrand.

und falls die Witterung nicht mitspielt oder sonstige widrige Umstände eintreten, kann mit weiteren Arbeiten unbesorgt einige Tage gewartet werden.

Nun wäre die Zeit gekommen, außerhalb des Teiches größere Steine zu plazieren. Nach dem Aushub der Grube wird dies ungleich schwieriger. Jetzt ist es ohne weiteres möglich, solche Steine in Ruhe von allen Seiten zu betrachten und sie gegebenenfalls so weit zu bewegen, daß sie letztendlich als Blickfang dienen.

Dann wird der Humus innerhalb der markierten Linie abgehoben, und soweit er sich für andere Erdmischungen eignet, sollte er gleich durch ein Drahtgitter geworfen werden, um ihn von Steinen und anderen unerwünschten Beilagen zu befreien. Dies ist aber nur vonnöten, wenn es sich um wirklich fruchtbaren Boden handelt.

Tritt jedoch schon beim ersten Spatenstich nur Kies, Sand, Lehm, Ton oder Mergel zutage, kann man sich diese Mühe sparen, denn allenfalls Kies kann in späteren Anlagen als Drainageschicht Verwendung finden. Alles andere wird man zweckmäßigerweise zunächst zur Seite legen und abwarten, ob man es nicht zum Ausgleich des Geländes brauchen kann.

Diese ersten Arbeiten sollte man am besten mit der Hand ausführen, denn so bleibt es möglich, den unbeschädigten Rand nochmal dahingehend zu betrachten, ob alles unseren Vorstellungen entspricht

Wasserspiegelungen ergeben oft anmutige Bilder.

oder ob es sich empfiehlt, noch kleine Änderungen vorzunehmen. Jetzt bietet sich die allerletzte Gelegenheit.

Als nächstes kommt eine sehr wichtige Aufgabe auf uns zu. Es muß überprüft werden, ob der Boden so waagerecht ausgerichtet ist, daß nicht später ein schief im Gelände liegender Teich Ärger und Enttäuschung verursacht. Bitte verlassen Sie sich nicht auf Ihr Augenmaß, denn eine Neigung von wenigen Zentimetern fällt kaum auf, zeitigt aber später recht unangenehme Auswirkungen.

Nur eine Schlauchwaage kann Klarheit schaffen, oder wenn diese nicht zur Verfügung steht, lassen sich längere Latten verwenden und mit einer Wasserwaage auf ihre korrekte Lage ausrichten. Man legt sie von allen Seiten über den Grundaushub und hebt und senkt sie so lange, bis die

Am Teichrand dürfen auch Farne nicht fehlen.

Luftblase der Waage genau zwischen den beiden Mittelstrichen steht. Die Unterschiede markiert man mit Holzstäben, die so tief in den Boden gedrückt werden, bis ihr oberes Ende mit der erwünschten Höhe übereinstimmt. Jetzt kann der vorher zur Seite gelegte unbrauchbare Bodengrund benutzt werden, um einen Damm aufzuschütten, der die erwiesenen Geländeunterschiede ausgleicht. Keinesfalls wird dazu der wertvolle Humus vergeudet, wenn nichts anderes zur Verfügung steht. Das benötigte Material läßt sich unschwer durch weiteren Aushub gewinnen. Nun gilt es, diese Aufbauten festzustampfen, damit nicht späteres Absacken unser Bemühen gefährdet.

Wer die nun folgende Schwerarbeit nicht selber machen will, der wird tunlichst einen kleinen Gartenbagger oder eine entsprechende Raupe hinzuziehen. Solche Geräte leisten in einigen Stunden dasselbe, wofür sonst eine Woche nötig wäre. Hierbei muß sorgfältig von der Mitte aus gearbeitet werden, da man auf allen Seiten schräge Ränder braucht, um dem winterlichen Eis die Möglichkeit zu geben, sich auszudehnen, ohne Schaden anzurichten. Um zu vermeiden, daß der Teich im Winter bis zum Boden durchfriert und damit das Überleben der Tiere gefährdet, welche die kalte Jahreszeit im Wasser überdauern, muß die tiefste Stelle unter einem Wasserstand von etwa 80 cm liegen. Im Alpenvorland ist diese Tiefe unbedingt nötig, in Gegenden mit milden Wintern mögen 70 cm genügen. Hierbei berücksichtigt man beim Aushub, daß etwa 20 cm Beton aufgelegt und bei Folienteichen eine Sandschicht von etwa 10 cm unterlegt wird.

Doch dies betrifft nur die tiefsten Stellen. Ansonsten wird man den Aushub abwechslungsreich gestalten und auch einige terrassenförmige Seichtstellen schaffen, die für Pflanzschalen mit Gewächsen bestimmt sind, welche einen niedrigeren Wasserstand lieben. Ebenso können wir eine Sumpfzone planen oder ein Unter-

Der Fieberklee wächst in das freie Wasser hinein.

Bald werden die Rohrkolben von neuem austreiben.

wassergeröllfeld, das in Ufernähe als Vogelbad dient. Auch sind sehr seichte Terrassen als feste Unterlagen für größere Steine und sonstiges Gestaltungsmaterial gedacht. Hierzu wird zwar in einem eigenen Kapitel Stellung genommen, doch muß man von Anfang an alles entsprechend bedenken. Nur eine Seite darf sich in ununterbrochener Schräge zum tiefsten Punkt öffnen, und das ist genau der Platz, an dem wir sitzen werden. Sonst sollen überall seichte Stellen dafür sorgen, daß keine Eintönigkeit aufkommt. So erzielt man jedenfalls die bestmögliche Wirkung.

Schweren Herzens muß ich an dieser Stelle noch auf ein Problem eingehen, das keinesfalls gering geachtet werden darf. Teiche können zur Falle werden für Igel, Hunde und auch für Kleinkinder. Hunde und Igel sind dabei meine geringste Sorge. Sie werden immer an den terrassierten Stellen eine Möglichkeit finden, wieder herauszuklettern, wenn dort Steine liegen und Äste ins Wasser hineinragen. Bei Kleinkindern ist es jedoch erheblich gefährlicher. Vielleicht sollte man in solchen Fällen an der tiefsten Stelle größere Steine so locker aufhäufen, daß in den Zwischenräumen noch genug Wasser zum Überwintern der Tiere bleibt. Oder wäre es sinnvoll, an der offenen Stelle ein unüberwindliches Fanggitter anzubringen, solange die Kinder noch klein sind? Oder kann man den Kindern überhaupt verbieten, sich unbeaufsichtigt am Teich aufzuhalten? Ich möchte jedenfalls, ohne die Gefahr heraufbeschwören zu wollen, zumindest darauf aufmerksam machen.

Doch nun noch einmal zurück zum Aushub: Je nach Größe des Teiches fällt eine ganze Menge an. Um es noch einmal zu wiederholen: Steine und Kies können wir als Drainageschicht für einen Steingarten oder auch für andere Anlagen brauchen, allerdings nur, wenn dieses Material in reiner Form vorliegt und nicht durch lehmige Erde verklebt ist. Alles andere läßt man am besten gleich abfahren, damit es uns nicht länger stört.

Beton oder Folie?

Es gibt viele Methoden, einen Teich abzudichten. Man kann die Grube mit einer dicken Lehmschicht versehen, was wohl als die primitivste Art gilt, oder ausmauern oder auch ausschäumen. Früher war es gang und gäbe, so ein Gewässer auszubetonieren, was eine erhebliche Haltbarkeit über Jahrzehnte hinaus garantierte, vorausgesetzt, daß die Mischung stimmte und die Arbeiten fachgerecht durchgeführt wurden. Nur das Eis konnte die Betonwandung sprengen, wenn die Seiten nicht schräg genug waren, um der Ausdehnung standzuhalten.

Meine ersten Teiche waren und sind heute noch mit diesem Material abgedichtet und können auf vierzig Jahre unbeschadet zurückblicken. Doch was war dies für eine Arbeit! Ich erinnere mich noch gut daran, wie wir geschuftet haben, wie wir viele Kubikmeter Beton mischten und schubkarrenweise zur Baustelle brachten.

Hier hat sich zwischen den Rohrkolben eine schwimmende Insel gebildet.

Die kleine Seerose hebt sich gut von der mit den gefleckten Blättern ab.

Später wurde es dann etwas leichter. Man ließ sich Fertigbeton kommen, der mit einem Verzögerer versehen war und nicht so schnell hart wurde. So ersparte man sich wenigstens die Arbeit des Mischens. Doch wie auch immer, in keiner Weise konnte man die Verschmutzung des Grundstücks verhindern und mußte noch weitere Stunden anhängen, um wieder einigermaßen Sauberkeit zu schaffen.

Freilich werden auch heute noch manche Übervorsichtige Arbeit und Schmutz nicht scheuen, um lebenslange Haltbarkeit zu erreichen. Ich habe jedoch meinen letzten Teich mit Folie ausgelegt. Vor Jahrzehnten schon legte ich Folienbeete für meine Rhododendren an, und als ich einmal im Zuge einer großen Änderung diese Beete aufließ, konnte ich feststellen, daß die Folie keinerlei Schäden zeigte und daß es den Wurzeln danebenliegender Bäume nicht gelungen war, dieses Material zu durchbohren. Diese Erfahrung hat mein Vertrauen zur Verwendung von Folie gestärkt, und ich würde heute nie mehr einen Teich betonieren. Natürlich darf man sich bei der Anschaffung einer solchen Folie nicht von Sparsamkeit leiten lassen und soll die beste wählen, die der Markt hergibt. Daß dies meist auch die teuerste ist, versteht sich beinahe von selbst. Es werden heute Doppelfolien angeboten, verbunden mit einer Haltbarkeitsgarantie von zehn Jahren. Solches Material ist für uns gerade das richtige, wenn wir uns Enttäuschungen ersparen wollen.

Wir müssen davon ausgehen, daß die Handelsmaße nicht immer für unseren geplanten Teich ausreichen, und es wird sich häufig nicht vermeiden lassen, mehrere Stücke zusammenzuschweißen, um unsere Grube flächendeckend auslegen zu können. Man kann dies auch selber machen. Ich tendiere jedoch dazu, mit solchen Arbeiten den Hersteller zu betrauen, was jederzeit zu erschwinglichen Preisen möglich ist. Man muß nur Länge, Breite und Tiefe des Teiches angeben und bekommt dann die fertige und maßgerechte Folie ins Haus geliefert.

Zunächst ist es unumgänglich, den gesamten Untergrund mit einer ca. 5-10 cm hohen Sandschicht abzudecken, damit die Folie glatt aufliegt und nicht etwa herausragende Steine Beschädigungen verursachen können, vor allem dann, wenn man

Fieberklee und Rohrkolben drohen zu einem dichten Dschungel zu verwachsen. Jetzt ist die Zeit zum Auslichten gekommen.

aus irgendwelchen Gründen einmal in den Teich hineinsteigen muß (daß hierbei Gummistiefel getragen werden, darf man als selbstverständlich voraussetzen). Alle Terrassen, die einmal schwerere Steine tragen sollen, unterfüttern wir mit 5 cm Styropor. Will man tonnenschwere Steine verwenden, die allerdings nur ein Bagger einbringen kann, empfiehlt es sich, nach Ausbreiten der Folie noch einmal eine Styroporschicht darauf zu legen, bevor solch große Steine plaziert werden.

Wenn man nun das Ganze in der Grube auslegt und dabei Tiefen und Untiefen berücksichtigt, wird es manche Stelle geben, an welcher die Folie den Rand ein Stück überragt. Dies soll jedoch nicht mehr als höchstens 20 cm betragen, und das darüber hinausstehende Material wird mit einem Tapezierermesser abgeschnitten.

Nun gilt es, die Folie zu glätten. Dies wird sich nicht immer einfach durchführen lassen, weil sie doch recht dick und starr ist und das vor allem bei kühler Witterung. Es wäre daher besser für eine derartige Arbeit, wenn möglich, einen sonnigen Tag abzuwarten, der solches Plastikmaterial wesentlich geschmeidiger werden läßt.

Damit wären wir soweit, daß wir an die Gestaltung des Ufers gehen können. Doch zunächst soll noch einmal ausdrücklich davor gewarnt werden, spitze Gegenstände, wie Hacken, Rechen, Brechstangen oder ähnliches, zu Arbeiten über der Folie zu verwenden. Hier besteht auch bei dem besten Material die Gefahr einer Durchlöcherung, die uns dazu zwingen könnte, wieder von vorne zu beginnen.

DAS UFER

Alles ist nun vorbereitet, die Folie ist geglättet, Terrassen und Seichtstellen sind aufnahmebereit, und für uns ist es Zeit, nach dem Gestaltungsmaterial für die Uferzonen zu sehen. Wenn wir über einen großen Stein oder gar mehrere Findlinge verfügen und sich die Möglichkeit ergibt, mit einem Bagger bis zur Teichstelle zu fahren, dann muß es unsere erste Aufgabe sein, diese Felsbrocken an Ort und Stelle zu bringen.

Bitte vergessen Sie nicht, wie bereits oben erwähnt, zunächst auf die Folie noch einmal Styropor zu legen, damit die weiche Unterlage gewährleistet ist und dann der Baggerführer langsam und vorsichtig den Stein oder die Steine an die richtige

Uferfelsen spiegeln sich im Wasser.

Stelle bringen kann. Hierzu gehört schon erhebliches Geschick, denn wenn der Schwerpunkt nicht exakt nach unten kommt, könnte es passieren, daß so ein Stein in die Grube fällt und so für immer verloren bleibt, weil es kaum möglich sein wird, diesen mit dem Bagger herauszuholen, ohne zu riskieren, die Folie zu beschädigen. Ist aber alles gut gegangen, so brauchen wir das überstehende unterlegte Styropor nur abzubrechen. Der dabei übrigbleibende auffällige weiße Rand ist unter Wasser ohnehin kaum sichtbar und wird innerhalb kürzester Zeit veralgen.

Wie wir sehen, gehört schon einiges Glück dazu, so einen Stein zu haben, mit dem Bagger ungehindert hinzukommen und ihn dann auch noch ohne unliebsame Zwischenfälle zu verlegen. Meist werden dies Ausnahmefälle bleiben, und man muß sich mit einigen kleineren Steinen begnügen, die wir so plazieren, daß sie besonders gut wirken. Dabei ist der Hinweis unerläßlich, solche Arbeiten von außen durchzuführen, denn es könnte fatale Folgen nach sich ziehen, wenn wir, zusätzlich beschwert durch eine hohe Belastung, auf die Folie treten.

Wie bereits im Kapitel „Steine“ erwähnt, wird man den größeren kleinere hinzugesellen. Noch kleinere kommen so lange in die Zwischenräume, bis eine natürliche Anordnung geschaffen ist, die außerdem den Vorteil bringt, auch nicht mehr vom winterlichen Eis aus dem Gleichgewicht

Wenn sich Seerosen wohlfühlen, können sie überreich blühen.

gebracht werden zu können. Andere Stellen belegen wir mit faustgroßen und auch kleineren Kieseln, und so wird, wenn man dies alles durchgeführt hat, eine harmonische Uferzone entstehen. Die Stellen jedoch, die schräg zum tiefsten Punkt abfallen, müssen wir mit einer größeren Menge kleinerer Steine durch mehrmaliges Nachschütten so lange aufbauen, bis die Steinzone bis zum Rande reicht. Im Winter kann es hier allerdings geschehen, daß ein Stück nachrutscht, doch ist dies kein Unglück, weil wir jederzeit von oben nachfüllen können. Nach einigen Jahren wird auch diese Zone so gefestigt sein, daß sie sich selbst unter Eisdruck nicht mehr verändert.

Doch nun zum Holz. Neben den Steinen oder noch besser durch diese hindurch sollten jetzt Wurzelstöcke eingefügt werden. Besonders gut sieht es immer dann aus, wenn Teile davon in das Wasser hineinragen. Daraus ergibt sich weiterhin der Vorteil, daß Frösche solche Stellen bevorzugt als Ruheplätze annehmen und dies um so eher, je sonniger sie liegen und je mehr sie durch dichten Pflanzenbewuchs, wie beispielsweise ein Rohrkolbendickicht, von außen abgeschirmt sind. So fühlen sie sich sicher und brauchen sich auch nicht davor zu fürchten, daß wildernde Katzen auf sie erfolgreich Jagd machen. Selbst Stämme oder Teile davon können so Verwendung finden. Man muß nur damit rechnen, daß sie zunächst vom Wasser aufgetrieben und erst später, wenn sie einmal vollgesaugt sind, ihre endgültige Lage behalten werden.

Diejenigen Unterwasser-Terrassen, die für Pflanzschalen freigehalten wurden, bestücken wir nun mit den bereits bepflanzten Behältern, die ihrerseits wieder mit Steinen so kaschiert werden, daß man sie nicht mehr sieht und nur die Pflanzen aus ihnen herausragen. An einigen abschüssigen Stellen wird man zweckmäßigerweise Vliese anbringen, die im Handel erhältlich sind und als Wurzelsubstrat für Unterwasserpflanzen dienen sollen.

Auf einer nach Süden weisenden Terrasse können wir an den Außenrändern einen Wall aus Steinen und Holz bilden und den dahinter liegenden Raum mit lockerer, sandiger Erde füllen, um dort Rohrkolben und ähnliche Gewächse anzusiedeln. Dieses Stück sollte einen breiteren Rahmen einnehmen, da der sich dort einstellende niedrige Wasserstand einen idealen Aufenthaltsort für Libellenlarven bildet, was aus der hier herrschenden höheren Wassertemperatur resultiert.

Erst die Seerosen und dann das Wasser

Als nächstes wäre es nun an der Zeit, über Seerosen zu sprechen, die ja schließlich später den Mittelpunkt unseres Teiches bilden sollen. Sie werden in ähnliche Erde gepflanzt, wie auch die Rohrkolben, wozu man am besten käufliche Behälter verwendet, die rundum durch eine Gitterstruktur offen bleiben. Die Körbe brauchen nicht groß zu sein, denn die Wurzeln der Seerosen werden sehr bald austreten und ihren Nährstoffbedarf aus dem sich ansammelnden Schlamm decken. Umfangreichere Behälter mit einer größeren Erdmenge wären sehr unzweckmäßig, weil die Wurzelstöcke der Seerosen faulen könnten, bevor sie anfangen zu treiben. Außerdem wird diese Erde zunächst viele Nährstoffe an das Wasser abgeben, die nur den Al-

Man muß bei Seerosen aufpassen, daß die breiten Schwimmblätter nicht die ganze Oberfläche überziehen.

genwuchs fördern würden. Aus diesem Grunde sei auch ausdrücklich davor gewarnt, besonders nährstoffreiches Substrat oder gar Misterde einzubringen. Bei allen Seerosensorten gibt der Handel Hinweise auf die gewünschte Wassertiefe, und wir tun gut daran, uns danach zu richten, indem man gegebenenfalls die Körbe mit Platten in der erforderlichen Höhe unterlegt.

Allerdings darf nicht vergessen werden, deutlich darauf hinzuweisen, daß Seerosen die unangenehme Eigenschaft eines ungeheuren Auftriebs haben. Dies ist auf ihre mit lufthaltigem Gewebe versehenen Rhizome zurückzuführen. Somit empfiehlt es sich, die Pflanzbehälter vorher mit Zeitungspapier auszulegen und auch so abzudecken, daß nur die jungen Triebe herausragen. Die Oberfläche wird noch mit Steinen beschwert, und so können wir weitgehend sicher sein, daß wir nicht am Morgen nach dem Einlaufen des Wassers diese Pflanzen schwimmend an der Oberfläche finden. Das Zeitungspapier wird sich alsbald zersetzen, doch bis dahin sind unsere Seerosen schon so fest angewurzelt, daß sich ein späteres Auftreiben ausschließt.

Jetzt haben wir alle Vorbereitungen getroffen und können dazu übergehen, das Wasser einzulassen. Am besten geschieht

Gelbe Seerosen blühen etwas später.

dies mit Hilfe eines Schlauches, der nur auf sanften Druck gestellt wird, um nicht zuviel aufzuwirbeln. Es dauert also eine Weile, bis sich unser Teich auffüllt. Während dieser Zeit müssen wir natürlich die bereits eingebrachten Uferpflanzen laufend wässern, was besonders für die auf den Terrassen stehenden Zwergseerosen gilt, um ein Vertrocknen ihrer Schwimmblätter zu verhindern.

Weitere Arbeiten, wie beispielsweise das Anbringen von Unterwasserpflanzen an den Vliesen und das nachträgliche Einpflanzen der Ufergewächse, die nicht in Töpfen stehen, sowie auch das Auslegen von Schwimmpflanzen können wir unbesorgt später vornehmen.

Uns wird ohnehin immer wieder etwas einfallen, und die Zeit zeigt, daß es lange dauert, bis wir mit unserem Gartenteich endlich völlig zufrieden sein werden. Das ist auch gut so, denn Neues bringt immer wieder neue Freude.

Kombination mit anderen Feuchtbiotopen

Eigentlich hätte dieses Kapitel schon an den Anfang unserer Betrachtungen über den Teich gehört. Doch einerseits wollte ich den Leser nicht zu sehr verwirren, und andererseits gebe ich mich der Hoffnung hin, daß jeder erst einmal zu Ende lesen wird, bevor er mit den eigentlichen Arbeiten beginnt. So will ich an dieser Stelle auch die möglichen Zusatzbiotope nicht ausführlich beschreiben - das bleibt den folgenden Abschnitten vorbehalten -, sondern möchte nur auf die Gegebenheiten hinweisen, die uns offenstehen.

Als weitere Feuchtbiotope können wir den Sumpf, die Feuchtwiese und schließlich auch das Moor betrachten. Diese mit dem Teich zu verbinden bereitet keine besonderen Schwierigkeiten. Wir haben nur flache Randzonen weiter auszudehnen und ebenfalls mit der Folie auszulegen, so daß die gesamte Wasserversorgung vom Teich ausgeht. Dazu sollten folgende Tatsachen Berücksichtigung finden: Der Sumpf braucht einen mehr oder weniger konstanten Wasserstand von etwa 10 cm und muß somit erheblich tiefer ausgegraben werden. Pflanzen aus Feuchtwiese und Moor, so wie wir es wünschen, verlangen bestenfalls „nasse Füße“, und man muß das Gelände deshalb nur so tief auslegen, daß der Wasserstand die Anlage lediglich unterspült und damit für die nötige konstante Feuchtigkeit sorgt. Dies heißt , wir dürfen die Erdauflage über die Höhe des Niveaus hinaus aufschütten.

Natürlich muß man sehr genau darauf achten, daß das Wasser überall hindringen kann. Wir werden also nicht umhinkommen, in größerem Maße Geländeausgleiche vorzunehmen und diese mit der Schlauchwaage oder mit der Meßlatte sorgfältig auf das Niveau zu überprüfen. Sumpf und Feuchtwiese können unbesorgt ineinander übergehen; es empfiehlt sich sogar, dies von Anfang an einzuplanen, denn so bleibt eine Stelle weniger, an der wir die Erdauflage vom Teich abtrennen müssen.

Hierzu wird zunächst ein Abschluß aus einem möglichst haltbaren Holz gestaltet - am besten aus Eichenästen, die, um eine natürliche Wirkung zu erzielen, ohne weiteres stellenweise in das Wasser hineinragen dürfen. Wir verbinden diese mit Nägeln und beschweren sie an jeder Stelle, die sich bietet, mit möglichst großen Steinen, um so dem anfänglichen Auftrieb entgegenzuwirken. Ja, man sollte sogar soweit gehen, einige der unteren Äste, die in den Sumpfteil reichen, mit Steinen zu überschütten. Hinter diesem Steinwall kann dann die Erde einfach aufgehäuft werden, und zwar - um es nochmals zu betonen - so, daß der Wasserstand bestenfalls etwa 10 cm darüber liegt.

Der Übergang zur Feuchtwiese wird dann ohne weitere Umstände dahingehend vollzogen, daß man ganz einfach die Erde

Wasseriris und Gladiolen passen gut zusammen.

höher aufschüttet. Dabei wäre es ratsam, in Höhe der Erdauflage des Sumpfes zunächst Steine einzubringen, um den Niveauunterschied auszugleichen. Sowohl im Sumpf als auch in der feuchten Wiese muß die Erdschicht nicht mehr als maximal 15 cm betragen. Schließlich soll sie gut durchwurzelt werden, um so Fäulnisprozessen entgegenzuwirken.

Eine solche Anlage darf im Hinblick auf die künftige Pflege nur so breit sein, daß die gegenüberliegende Seite bequem mit der Hand erreichbar bleibt. Wenn wir ein breiteres Gebiet so gestalten wollen, muß dieses von zwei Seiten zugänglich gemacht werden, damit wir mit der Hand jeweils bis zur Mitte vordringen können. Trittplatten sind abzulehnen, weil sie nicht in

Blutweiderich darf an keinem Teichrand fehlen.

solche Biotope passen und wegen des weichen Untergrundes alsbald versinken würden.

Das für Sumpf und Feuchtwiese Gesagte gilt in ähnlicher Weise auch für das Moor. Freilich darf hier der Wasserstand etwas höher sein, aber keineswegs so, daß das Erdreich überspült wird. Ich würde, wenn eine Verbindung zum Teich geplant werden soll, diese nicht unmittelbar an Sumpf und Feuchtwiese anschließen. Ansonsten gibt es nicht allzu viele Unterschiede; lediglich das Pflanzsubstrat muß aus reinem Torfmull bestehen. Beachten sollte man nur, daß eine Mooranlage sich absolut kalkfeindlich verhält. Deshalb eignen sich als Steinabgrenzung zum Teich am besten Urgesteinsbrocken.

Das Wasser des Teiches, das der Regen ja immer wieder auffüllt und das auch der biogenen Entkalkung unterworfen ist, dürfte niemals so kalkhaltig sein wie gegebenenfalls das Leitungswasser in manchen Gegenden. Der Torfmull selbst tut auch ein übriges dazu und kann ganz beachtliche Mengen von Kalk binden, bevor er seine saure Reaktion verliert. Ich nehme an, daß es auf jeden Fall etwa 10 Jahre lang gutgehen wird, und dann müßte die Anlage eventuell umgestaltet werden, indem man neuen Torfmull einbringt. Keinesfalls braucht man besorgt zu sein, eine höhere Substratschicht als bei Sumpf und Feuchtwiese vorzusehen, da echte Fäulnis im Torf nicht zu erwarten ist. Mit möglicher Gasbildung werden die Moorpflanzen auf jeden Fall fertig, denn dies sind sie aus der freien Natur gewohnt.

In den nächsten Kapiteln erfahren Sie Näheres über diese drei Biotope, und nur auf eines möchte ich abschließend hinweisen: Wenn Sie solche Verbindungen schaffen, werden Sie sich wundern, wie schnell Ihr Teich Wasser verliert. Vielleicht zweifeln Sie sogar daran, daß die Folie dicht ist. Derartige Sorgen können Sie aber vergessen, denn bepflanzte, vom Teich bewässerte Stellen verdunsten mehr Feuchtigkeit, als dies die freie Wasserfläche jemals tun würde. Sie müssen also damit rechnen, bei trockener Witterung öfter Wasser nachlaufen zu lassen. Das läßt sich einfach nicht vermeiden.

Der Sumpf

Viele natürliche Gewässer neigen dazu, im Laufe der Zeit zu verlanden. Im allgemeinen geht es so vor sich, daß Schilf und Rohrkolben immer weiter in das freie Wasser vordringen und ihr Wurzelwerk tief im Boden verankern. Zwischen ihren Stengeln bleibt vieles hängen, was in Richtung Ufer gespült wird, zersetzt sich dort und bildet schließlich eine immer kompakter werdende Schlammschicht. Diese wird höher und höher und der über ihr stehende Wasserspiegel flacht mehr und mehr ab. Das Schilf, welches stetig vorwärts drängt, läßt nach hinten, in der Nähe des ursprünglichen Ufers, freien Raum entstehen, und hier siedeln sich neue Pflanzen an, die Feuchtigkeit lieben, jedoch nur niedrigen Wasserstand vertragen. Die so entstehende Landschaft stellt genau das dar, was wir als Sumpf bezeichnen und in unseren Gärten nachbilden wollen. In der freien Natur vergehen Jahrzehnte, bis dieser Vegetationstyp entsteht.

Rohrkolben zählen zu den dekorativsten Pflanzen.

Es braucht nicht besonders erwähnt zu werden, daß sich neben pflanzlichen Kostbarkeiten auch eine reiche Tierwelt einstellen wird. Amphibien fühlen sich hier wohl. Es werden ihnen geeignete Versteckmöglichkeiten innerhalb der verbleibenden Schilfstengel geboten, und auch der rettende Sprung ins leicht erreichbare freie Wasser bleibt ihnen nicht verwehrt. Auch die Ringelnatter liegt hier gerne in Lauerstellung, in der Hoffnung, einen zu unvorsichtigen Frosch zu erwischen. Unzählige Insekten geben sich ein Stelldichein, vor allem solche, die ihr Larvenstadium im Wasser verbringen. Auch viele Vögel lieben diesen Biotop, deren typischsten Vertretern wir aber leider nicht in unseren Gärten begegnen werden, es sei denn, wir haben das Glück, nahe an einer solchen natürlichen Landschaft zu leben.

Doch, von dem letzteren abgesehen, können wir vieles, vor allem zauberhafte Pflanzen, zu Hause kultivieren, und das allein lohnt jede Mühe, die ein solcher Biotop im ersten Stadium seiner Anlage auch machen mag. Vielleicht könnte man sogar soweit gehen zu sagen, daß der Sumpf insgesamt noch mehr Leben birgt und anzieht, als es das Wasser allein je tun könnte.

Auch der Sumpf braucht viel Sonne

Zunächst wollen wir davon ausgehen, die Sumpfzone nicht an den Teich anschließen zu lassen, sondern separat zu gestalten. So ergibt sich für uns der Vorteil, sie besser überwachen zu können, denn der Teil, der direkt an das Ufer angrenzt, ist immer etwas schlechter erreichbar und läßt damit die Pflege auf gewisse Schwierigkeiten stoßen.

In vielen Fällen wird es sich so nicht vermeiden lassen, von Zeit zu Zeit in den Teich hineinzusteigen, um auszulichten oder sonstige Aufgaben bewältigen zu können. Vor allem die Rohrkolben neigen dazu, in Richtung des freien Wassers zu wachsen, und müssen dort immer wieder entfernt und hinten neu eingepflanzt werden.

Es wäre deshalb gar nicht abwegig, direkt am Wasser eine sehr schmale Sumpfzone einzurichten, diese mit einem Plattenweg abzutrennen und erst dahinter den eigentlichen Sumpf zu schaffen. In wenigen Jahren verwächst alles derart, daß man diesen Weg, diese Trennzone also, gar nicht mehr sieht und das Ganze den Eindruck einer gewachsenen Anlage vermittelt. Der Weg bleibt aber trotzdem begehbar und erleichtert die Pflege ungemein. Auch für die Tiere wird dieser Plattenstreifen kein Hindernis bilden.

Die Schwanenblume kann man in der Natur nur noch selten finden.

Unsere erste Aufgabe besteht nun darin, einen geeigneten Platz zu suchen. Es kommt nur ein sonniges Gebiet in Frage, und im Idealfall wird es angrenzend an den Teich neben unserem Sitzplatz liegen. Vor dem Teich wäre es unzweckmäßig, weil zum einen die freie Sicht auf den übrigen Garten gehemmt würde und zum anderen die Rohrkolben einen Teil des Gewässers überschatten könnten, was wiederum den Seerosen nicht zuträglich wäre.

Den Sumpf zu schattig anzulegen wird zwar die Kolben ins Kraut schießen lassen, doch ihre Blüte unterdrücken, wodurch wir auf einen wesentlichen Teil der dekorativen Wirkung verzichten müßten. Auch die anderen besonders schönen Sumpfgewächse verlangen Sonne. Andererseits könnten bestenfalls Seggen gedeihen, auf welche wir aber weniger Wert legen, da sie durch ihre leicht wuchernde Wuchsform in aller Kürze einen ungepflegten Eindruck bieten.

Wie tief muss der Aushub sein?

Der Platz ist nun festgelegt, und wir gehen genauso vor wie beim Teich. Eine Grube, die höchstens 50 cm tief sein muß, wird nun ausgehoben, wobei man im unteren Teil nicht einmal auf schräge Wände achten muß, da die aufgefüllte Erde den Druck des Eises ohne Schwierigkeiten auf-

Schon im zeitigen Frühjahr öffnet die Sumpfdotterblume ihre Blüten.

nimmt, und nur die oberen 10 cm, die später freies Wasser halten sollen, läßt man leicht seitlich geneigt auslaufen. Jetzt kann man die Folie einlegen, und als erste Füllung bringen wir eine etwa 20 cm hohe Schicht Kies oder kleine Steine ein, dann folgen etwa 20 cm lockere oder sogar etwas lehmige Erde, wobei wir darauf zu achten haben, an einigen Stellen die Erdfüllung bis zum Niveau aufzuschütten.

So schaffen wir auch Pflanzraum für solche Gewächse, die nur wenig oder oft gar nicht im Wasser stehen wollen. Andererseits sollte auch eine Stelle tiefer liegen und so immer einen Rest Wasser halten. Der Wasserstand wird natürlich je nach Witterung variieren, und man muß bemüht sein, das Ganze nie völlig austrocknen zu lassen, weil sonst viele der unter Wasser lebenden Insektenlarven eingehen würden. Das regelmäßige Nachfüllen des Wassers mit einem Schlauch bietet keine größeren Probleme. Denken Sie nur bitte daran, dies laufend zu überprüfen, denn die Verdunstung einer bepflanzten Fläche geht oft schneller vor sich, als man erwarten würde.

HOLZ IST IMMER GUT

Doch wie können wir unser Sumpfgebiet noch attraktiver gestalten? Die Auswahl an entsprechendem Material ist nicht sehr reichlich. Um das beurteilen zu können, müssen wir uns wieder einmal in der freien

Ein schmaler Bachlauf macht sich immer gut.

Natur umschauen. Höchstens Äste kommen in Frage, Stämme, die schon vor dem Verlandungsprozeß im Wasser lagen, und schließlich natürlich jede Art von Wurzelstöcken. So kann man mit einem großen Ast oder mit einem Stamm ein Gebiet abgrenzen, das über dem bewässerten Milieu liegt. Der so gewonnene Platz bietet einen geeigneten Raum für die Sumpfdotterblume oder auch für die Rosenprimeln, die beide zu den ersten Frühjahrsblühern gehören und die wir nicht missen wollen, wenn rundum noch kein weiteres Grün zu sehen ist.

Flechten überziehen sehr bald jede Art von Holz, vor allem die reizvolle Trompetenflechte, und außerdem wachsen dort verschiedenste Moose die in Form und Farbe für Abwechslung sorgen. Dadurch,

Kleine Wasserstellen haben überall Platz.

daß solche Hölzer stets feucht liegen, werden sogar Pilze nicht ausbleiben, die mit ihren meist bunten Hüten einen weiteren Blickfang bilden.

Auch an Kleintieren wird es nicht fehlen, die das feuchte und halb verfaulte Holz als Brutplätze für ihre Larven benützen. Unter ihnen fällt uns besonders die Edellibelle auf, die dieses Substrat zur Eiablage bevorzugt, ganz zu schweigen von vielerlei Vögeln wie Kleiber und Specht, für die solches Holz mancherlei Nahrung bietet und die auch entsprechend darauf herumhacken.

So greift eines ins andere, und wer einmal so ein Sumpfgebiet angelegt hat, der wird so schnell nicht wieder darauf verzichten wollen.

Die Feuchtwiese

Wenn wir uns an das erinnern, was anfangs zum Kapitel „Sumpf" gesagt wurde, so erkennt man, daß es sich hier um fließende Übergänge handelt. Sobald der Sumpf nicht mehr unter Wasser steht, beginnt die feuchte Wiese. Diesen Übergängen werden wir in der Natur laufend und in kleinen Schritten begegnen. Geländeunterschiede bedingen, daß es mitten in der Feuchtwiese wieder ausgesprochen sumpfige Pfützen gibt, die sich stellenweise tiefer ausbreiten, und dann können wir auch gelegentlich einen Hügel finden, der wesentlich trockener liegt und sich in seinem Bewuchs mehr oder weniger deutlich von dem übrigen Milieu unterscheidet. Begründet wird dies durch einen auf schwer durchlässigem Grund ruhenden relativ gleichmäßigen Wasserstand, der vor allem im Frühjahr und nach ausgiebigen Regengüssen das Gebiet häufig so durchfeuchtet, daß man es nur schwer begehen kann, ohne einzusinken. Im Sommer festigt sich das Erdreich jedoch meist so, daß wir es, von tiefliegenden Stellen abgesehen, trockenen Fußes durchwandern können.

Schon von weitem fällt die Feuchtwiese durch ihren unterschiedlichen Bewuchs auf. Hier herrschen die Seggen vor und nicht die eigentlichen Gräser, die den trockenen Wiesen ihre Eigenart verleihen. Eine Ausnahme bildet das Pfeifengras, das

Mehlprimeln zählen auf der feuchten Wiese zu den ersten Frühlingsboten.

wir vor allem im Voralpenland häufig als Charakterpflanze auf feuchten Wiesen finden, die deshalb Streuwiesen heißen, weil sie einmal im Jahr gemäht werden, und deren Ernte als Streu für die Stallungen benützt wird. Solche Streuwiesen gehören im Frühjahr zum Schönsten, was es überhaupt gibt. Das Pfeifengras hat nämlich die Eigenschaft, erst sehr spät im Jahr auszutreiben, und gibt somit wunderschönen Pflanzen bis in den Mai hinein genügend Platz zu blühen und zu fruchten. Mehlprimeln und Enziane gehören dazu, um nur einige Beispiele zu nennen.

In unseren Gärten läßt sich das Pfeifengras unschwer kultivieren und bietet mit seinen straffen Horsten von beträchtlicher Höhe jederzeit ein eindrucksvolles Bild. Besonders der Herbst wird noch einmal zu einer hohen Zeit, denn sein dann beginnendes bronzefarbenes Aussehen wirkt im milden Licht dieser Jahreszeit wie dunkles Gold.

Nach Mehlprimeln und Enzianen kommen die sattgelben Trollblumen, gefolgt von den Weiderichen in Gelb und Purpurrot, von denen vor allem die letzteren, aus der Ferne gesehen, den Eindruck von Knabenkräutern vermitteln. Es erscheint fast überflüssig, darauf hinzuweisen, daß Feuchtwiesen für viele Insekten und besonders schöne Spinnen ein Dorado bilden und täglich neue Beobachtungsmöglichkeiten erschließen. Aus all diesen Gründen werden wir solche Anlagen in unserem Wohnbiotop keinesfalls missen wollen.

SONNE UND HALBSCHATTEN

Eigentlich versteht es sich von selbst, alle feuchten Anlagen möglichst nebeneinander zu gestalten. Es wäre weder schön noch zweckmäßig, diese in verschiedene Teile unseres Gartens zu legen. Mit anderen Worten gesagt, werden wir die Nachbarschaft des Teiches oder des Sumpfes suchen und dabei so vorgehen, wie wir es von der freien Natur her kennen. Der leichteren Pflege wegen ist es anzuraten, einen Weg dazwischen und um die ganze Anlage herum zu legen. Gerade solche Feuchtanlagen müssen von allen Seiten her bequem zugänglich bleiben, und man kann gar nicht oft genug darauf hinweisen, wenn es gilt, späteren Ärger zu vermeiden.

Die feuchte Wiese beschert uns unterschiedlichste Blüten.

Bevor wir jedoch auf nähere Einzelheiten eingehen, muß man - wie üblich - den vorgesehenen Platz auf seine Belichtungsverhältnisse hin überprüfen. Eine feuchte Wiese ist nicht ganz so sonnenbedürftig, wie wir vielleicht zunächst glauben. Die Erfahrung hat gezeigt, daß neben vollsonnigen Stellen unbesorgt auch ein halbschattiger Anteil dabei sein darf. So wie im Teich an derartigen Plätzen immer noch die Teichrose gedeiht und im Sumpf Seggen sich wohlfühlen, haben wir hier die Möglichkeit der Ansiedlung von Pfeifengras, das zwar in der Sonne deutlich höher wächst, doch zur Not auch mit lichtem Halbschatten zufrieden sein wird.

Unter Umständen ergibt sich hierbei sogar die recht reizvolle Gelegenheit, dieses Gras im Hintergrund anzusiedeln und den vorderen Streifen den schön blühenden Pflanzen vorzubehalten. Die Verhältnisse, die wir in der Natur vorfinden, möchte ich

Zu den schönsten Blumen gehören die Knabenkräuter.

nicht unbedingt empfehlen. Schon der besseren Kontrolle wegen halte ich es für zweckmäßiger, die selteneren Pflanzen in enger Nachbarschaft zu kultivieren und dieses Gebiet völlig frei von Seggen und Gräsern zu halten. Wenn die letzteren zu gut gedeihen, besteht die Gefahr der Überwucherung, und unsere edlen Blumen werden von Jahr zu Jahr weniger.

Sie brauchen auch keine Angst zu haben, so eine Einteilung würde unnatürlich und gar ungefällig aussehen. Gerade das Gegenteil ist der Fall. Schließlich blühen nicht alle Gewächse zur selben Zeit, und manche von ihnen haben sogar schmückende Blätter, die sehr zierend wirken, wobei ich bevorzugt an die verschiedensten Enziane denke, und auch die weißlich bereiften Rosetten der Mehlprimeln lassen es nicht an Wirkung fehlen. In den Hintergrund, vor das Pfeifengras, werden die höheren Weideriche gesetzt und zwischendurch verstreut Trollblumen.

So wird es uns gelingen, eine reizvolle Anlage zu schaffen, und wenn ein exponierter Platz frei bleibt, so reservieren wir diesen für den gelben Enzian, der Meterhöhe erreicht, allerdings jedoch zehn Jahre braucht, bis er zur Blühreife heranwächst.

Ob nun für Sonne oder für halbschattige Lagen, immer möchte ich Sie davor warnen, gärtnerische Züchtungen einzubringen. Sie passen nicht in einen naturnahen Garten, weil sie im Wuchs zu mastig werden. Die natürlichen und in meinen

Augen viel schöneren Wildgewächse können Sie heute überall in Spezialgärtnereien erwerben. Züchtungen sind im allgemeinen nur für die Ziergärten bestimmt und haben in unserer naturähnlichen Anlage nichts zu suchen. Kommen Sie aber bitte nicht auf den Gedanken, sich selbst draußen zu bedienen. Dies ist nicht nur strengstens verboten, sondern es muß auch unser aller Anliegen sein, die letzten unberührten Stellen zu erhalten.

Wie tief müssen wir graben?

Nach diesen etwas abschweifenden Ausführungen wollen wir wieder zum Gestalten unserer Anlage zurückkehren. Den geeigneten Platz, der genügend Sonne abbekommt und auch teilweise etwas halbschattig stehen darf, werden Sie ja inzwischen gefunden haben. Auch konnten Sie sich vermutlich überlegen, wie die feuchte Wiese in die anderen Feuchtgebiete integriert werden kann.

Jetzt müssen wir wieder Spaten und Schaufel zur Hand nehmen und gemäß der vorher abgesteckten Linie ein Loch graben. Schwierig ist das nicht, denn mit etwa 35 cm Tiefe können wir durchaus zufrieden sein. Für die Feuchtwiese müssen wir keine verschiedenen Zonen schaffen. Das obere Niveau kann eben bleiben, und die Pflanzen wurzeln auch nicht so tief.

Diese Arbeit wird schnell beendigt sein, und sobald die Grube ausgehoben ist, können wir die nächsten Überlegungen anstellen.

Plastikfolie oder Lehm?

Wenn wir über lehmigen Untergrund verfügen, so bleibt uns hier erstmalig die Gelegenheit, dieses Material sinnvoll zu verwenden. Die feuchte Wiese braucht nicht unbedingt völlig dicht zu sein, so daß es durchaus genügt, Wände und Boden mit einer etwa 10 cm starken Lehmschicht zu verkleben. Allerdings müßten wir etwa 5 cm tiefer ausgraben, was letzten Endes keine so große Mühe bereiten dürfte. Den Lehm bringen wir in feuchtem Zustand auf und verreiben ihn mit einer Maurerkelle möglichst fugenlos.

Daß dies keine sehr angenehme, ja sogar recht schmutzige Arbeit ist, soll nicht verschwiegen werden. Im Kindesalter hätte uns so etwas sicher unheimlichen Spaß gemacht, obwohl wir schon ahnen konnten, was uns blühen würde, wenn wir in einem solchen Zustand nach Hause gekommen wären. So möge nun jeder selber entscheiden, wie er vorgehen will. Ich persönlich würde mich zur Folie entschließen, wenn ich auch noch soviel Lehm hätte. Es ist einfacher und allemal sauberer, und diese Vorteile machen den dafür zu erbringenden Preis wett.

Also wie auch immer, wir haben unsere Grube ausgelegt, und nun kommen auf den Boden etwa 10 Zentimeter Steine, und das übrige wird mit einer lockeren Erdmischung, wie es im entsprechenden Kapitel beschrieben wurde, aufgefüllt. Bitte achten Sie auch hier darauf, zunächst etwas über das Niveau hinaus aufzuschütten, da sich die lockere Erde setzen wird. Ich möchte daher grundsätzlich vorschlagen, die vorbereitenden Arbeiten im Sommer und Herbst auszuführen und die Bepflanzung erst im nächsten Frühjahr vorzunehmen. Bis dahin ist die Erdfüllung abgesackt und kann entsprechend ergänzt werden, bevor man den Pflanzen ihren endgültigen Platz zuweist.

GESTALTUNGSMATERIAL IST WENIG GEFRAGT

Wie immer müssen wir uns zunächst in der freien Natur umsehen, und dabei wird man feststellen, daß in feuchten Wiesen nur sehr selten Steine liegen. Höchstens Holz können wir finden oder gelegentlich den Wurzelstock eines abgestorbenen Baumes. In Anlehnung daran werden nur Äste zum Abtrennen der verschiedenen Pflanzgruppen voneinander verwendet. Gegebenenfalls sorgt ein Wurzelstock für einen Blickpunkt, dessen erdgefüllte Nischen sich sehr gut dafür eignen, herausragende Kostbarkeiten der Pflanzenwelt aufzunehmen, wobei ich besonders an den nordamerikanischen Mokassin-Frauenschuh denke, der einen derartig geschützten und auffälligen Standort verdient.

Sollte die Anlage so sein, daß wir Trittplatten brauchen, um überall ungehindert hinzukommen, so empfehlen sich Scheiben aus einem quer durchsägten Stamm. Natürlich muß es sich dabei um hartes Holz handeln, am besten Eiche, denn an weicherem hätte man keine lange Freude. Doch wie ich schon einmal gesagt habe, Holz ist in feuchtem Zustand oft recht glitschig, so daß Pflegearbeiten von einem solchen Standpunkt aus immer mit der nötigen Vorsicht vorgenommen werden müssen.

Die Blüte des Germers wird über 2 m hoch (Foto: GÖTZ).

Das Moor

Moore zählen zu den reizvollsten Landschaften, die unsere Heimat bieten kann. Schon allein ihre Entstehungsgeschichte bedarf besonderer Erwähnung. Als die letzte Eiszeit zu Ende ging, hinterließen die schmelzenden Gletscher überall mehr oder weniger große Wasseransammlungen, die schließlich verlandeten aber immer noch genügend Feuchtigkeit hielten, um einigen Moosen, vor allem solchen aus der Gattung *Sphagnum,* auf schwammigem Grund geeignete Lebensbedingungen zu bieten. Diese Moose wuchsen ständig nach oben und benutzten sozusagen die abgestorbenen Individuen als Substrat, das sich im Laufe von Jahrtausenden in mächtige Torfschichten verwandelte. Die Folge davon war, daß das Gebiet immer nährstoffärmer wurde, vor allem Stickstoff war Mangelware, und gleichzeitig stellte sich mehr und mehr eine saure Reaktion ein.

Natürlich verbrauchten diese Moose viel Wasser, und der unter ihnen liegende Torf festigte sich so weit, daß man zumindest in trockenen Jahren solche Gebiete begehen konnte. Anhaltende Regenfälle wurden und werden heute noch vom Torf aufgesogen und festgehalten, so daß die Wirkung eines Schwammes entsteht, der für die ganze Gegend ein Feuchtigkeitsreservoir bildet und dieses nur langsam wieder abgibt. Da solche Moore ständig in die Höhe wuchsen, haben sich oft meterhohe Torflagen gebildet, und davon leitet sich auch der Name „Hochmoor„ ab.

Ein Hochmoor muß also keineswegs auf Bergeshöhen liegen. Die jungen Moore, die auch auf Verlandungsprozesse zurückgeführt werden, bei denen aber die Vertorfung noch längst nicht so weit fortgeschritten ist, werden als „Flachmoore“ bezeichnet.

Das Heidemoor wird mit Wurzeln dekoriert, Steine sollten nur am Rand liegen.

Wenn Hochmoore langsam austrocknen, gehen sie in Heidemoor und Heide über, doch darüber im nächsten Kapitel mehr. Uns soll hier in erster Linie die Landschaft Hochmoor interessieren, und für unsere Gärten kommt nur der Typ in Frage, der der Austrocknung schon näher liegt als der Entstehung. Hier hat sich eine zauberhafte Pflanzengesellschaft angesiedelt, die wir sonst nirgends finden können. Sogar die hochinteressanten fleischfressenden Pflanzen gedeihen dort und können auch bei uns kultiviert werden. Sie decken ihren Stickstoffbedarf auf dem Wege über Insektennahrung, die sie mit ihren klebrigen Blättern festhalten und verdauen. Jeder hat schon einmal den Namen Sonnentau gehört. Um diesen handelt es sich nämlich, wenn es heute auch amerikanische, fast noch interessantere Arten gibt, die unsere Winter aushalten.

Die Moorflora zeichnet sich zwar durch Artenarmut aus, doch dafür sind solche Gewächse um so schöner. Ich denke dabei an die Lavendelheide, an die Moosbeeren mit ihren alpenveilchenähnlichen Blüten, und am Rande dürfen der bescheidene, aber sehr alte Gagelstrauch und der Sumpfporst nicht fehlen, der mit den ledrigen, aromatisch riechenden Blättern und den kugeligen weißen Blüten schon Hermann Löns in seinen Bann gezogen hat.

Ich bin mir völlig klar darüber, daß die Gestaltung einer Moorlandschaft nicht leicht durchgeführt werden kann, und doch möchte ich ausführlich darüber sprechen. Wenn wir auch nur ein kleines Stück anlegen, und sei es lediglich ein Quadratmeter, werden wir später stolz darauf sein, denn so etwas findet man nur in sehr wenigen Gärten. Es wird sich im nächsten Kapitel zeigen, daß eine Kombination mit Heidemoor und Heide sehr gut möglich ist, und dies hilft uns, diesen Gedanken aufzugreifen.

OHNE SONNE GEHT ES NICHT

Jetzt steht uns wieder einmal die Aufgabe bevor, einen geeigneten Platz zu finden. Hierzu müssen wir auf volle Sonnenbestrahlung achten, denn im Schatten wächst bestenfalls Torfmoos, und die anderen wunderschönen Moorpflanzen könnten nur ein klägliches Dasein fristen. Da der Charakter des Moorgebietes ohnehin von Sumpf und Feuchtwiesen abweicht, sind wir nicht so sehr darauf angewiesen, deren Nähe zu suchen, und können unbesorgt eine andere Ecke unseren Absichten dienstbar machen.

Natürlich, wie könnte es auch anders sein, bleibt uns ein Aushub nicht erspart. Diesmal sollte die Tiefe sogar mindestens 60 cm betragen, damit uns ein ausreichendes Feuchtigkeitsreservoir zur Verfügung steht. Auch möchte ich hier die Frage nach Lehm oder Folie gar nicht lange zur Diskussion stellen, sondern gleich zur Folie

Als Charakterpflanze überwiegt das Heidekraut im Heidemoor.

greifen. Es wurde schon einmal an früherer Stelle erwähnt, daß wir in diesem Falle auf Fäulnis keine Rücksicht nehmen müssen, da reiner Torf keine Neigung dazu zeigt. Außerdem ist dieses lockere Material so luftdurchlässig, daß auch eine eventuelle Gasbildung weitgehend unterbleiben wird.

Auf Torfmull können wir nicht verzichten

Wenn auch heutzutage, wie schon angeführt, dafür geworben wird, den Torf aus unseren Gärten zu verbannen und durch Rindenmull zu ersetzen, damit die letzten Moore nicht weiter ausgebeutet werden, so sind wir in diesem Falle gezwungen, eine Ausnahme zu machen. Wir können uns damit trösten, daß es heutzutage viele entwässerte Moore gibt, deren Renaturierung nicht möglich ist, und so wird auch noch für viele Jahre Torfmull verfügbar sein, wenn wir nicht allzu verschwenderisch damit umgehen. Im Falle eines Moores brauchen wir einfach die saure Reaktion dieses Substrats und vor allem die Stickstoff freiheit, die bei Rindenmull nicht vorliegt. Selbst schwarze Moorerde, die ich persönlich als Beimischung sehr liebe, erweist sich hier als unbrauchbar, da ihr Nährstoffgehalt trotz Magerkeit für ein Moor viel zu hoch liegt.

Es bleibt uns also gar nichts anderes übrig, als reinen Torf einzubringen. Hüten Sie sich jedoch vor gedüngtem Torf, wie er überall in Gartencentern angeboten wird. Es muß reiner, unbearbeiteter Torfmull

Ein kleiner Torfstich macht sich immer gut.

sein. Jegliche Art von Dünger würde unsere Bestrebungen, ein Moorstück zu gestalten, von Haus aus zunichte machen.

Noch auf eines möchte ich Ihre Aufmerksamkeit lenken. Wenn Torf völlig ausgetrocknet vorliegt, ist es gar nicht so leicht, ihn dazu zu bringen, wieder Wasser aufzusaugen. Sollten wir also unsere Grube mit trockenem Torfmull auffüllen, so könnte es lange Zeit passieren, daß dieser in den unteren Schichten trocken liegt, obwohl die Oberfläche durchfeuchtet wird. Was bleibt uns also zu tun übrig: Wir füllen zunächst nur zu einem Drittel auf und lassen so viel Wasser ein, bis das Substrat völlig bedeckt ist, gehen am nächsten Tag ebenso vor, so daß wir am dritten Tage dann die endgültige Füllung vornehmen können.

Die Frage der Bewässerung

Damit wären wir überhaupt zu der Kardinalfrage gekommen, die es zu beachten gilt, wenn ein Moorgebiet angelegt werden soll - und sei es noch so klein. Alle Moorpflanzen verhalten sich ausgesprochen kalkfeindlich. Zwar kann der Torf einiges an Kalk binden, wenn wir nur mit hartem Leitungswasser gießen. Doch dies funktioniert nur eine kurze Zeit. Als erstes wird der Sonnentau verschwinden, und bald darauf werden auch die anderen Moorpflanzen zu kränkeln beginnen. Schließlich stellen sich unerwünschte Elemente, wie Seggen oder Schachtelhalme, ein, und dann dauert es nicht mehr lange, bis der ganze Zauber entartet.

All diejenigen, die das Glück haben, in Gegenden mit weichem Leitungswasser zu leben, brauchen sich diese Sorge nicht zu machen. Den anderen wird nichts anderes übrigbleiben, als auf Regenwasser zurückzugreifen. Am nützlichsten wäre dabei eine Plastikröhre, die am Boden das Wasser der Dachrinne in leichtem Gefälle zum Moor führt. Wenn wir ohnehin schon das ganze Gelände umgestalten, dürfte dies nicht besonders schwierig sein. Wegen der heute üblichen Luftverschmutzung sollte man allerdings das Regenwasser erst dann zuführen, wenn es vorher einen Tag lang geregnet hat. Mit Hilfe einer am Abfallrohr angebrachten Öffnungsklappe kann dies unschwer geregelt werden.

Anderenfalls muß man eben eine Auffangtonne anbringen und aus deren Inhalt das Moor bewässern.

Ich hatte einmal ein Moor in meinem Garten, welches mein ganzer Stolz war. Leider glaubte ich, daß das natürliche Regenwasser genügen würde, um diese Anlage intakt zu halten. Dies sollte sich als ein gewaltiger Irrtum herausstellen. Laufend war ich gezwungen, mit unserem harten Leitungswasser nachzufüllen, und nach zehn Jahren war es dann schließlich soweit, daß ich die Anlage schweren Herzens ent-

Die Moosbeere kann ganze Flächen überziehen.

fernen mußte. Diese deprimierende Erfahrung möchte ich Ihnen gerne ersparen.

Und bei dieser Gelegenheit noch eines: Wenn Sie auch nur einen einzigen Schachtelhalm in Ihrem Moor entdecken, entfernen Sie diesen unverzüglich samt Wurzeln. Die Pflanze mag noch so urtümlich und interessant aussehen - wenn Sie sich davon blenden lassen, wird sie sich bald so stark vermehren, daß Sie Ihr Moor vergessen können.

Dasselbe gilt auch für die anderen Feuchtgebiete. Vielleicht hilft es Ihnen zum besseren Verständnis, wenn ich meine Definition für „Unkraut" anbiete: Ein Unkraut im Sinne des Wortes liegt immer dann vor, wenn sich eine Pflanze, und sei sie noch so attraktiv, so rasant vermehrt, daß sie andere verdrängt. Wir wollen eine abwechslungsreiche Pflanzengesellschaft und sind gezwungen, in solchen Fällen mit ordnender Hand einzugreifen.

Der Torfstich

Wer ganz besondere Ambitionen hat, der möge innerhalb seines Moores noch ein kleines Gewässer in Art eines Torfstiches gestalten. Darunter versteht man eine wassergefüllte Aushebung, die einmal zur Gewinnung von Torf in noch nicht entwässerten Mooren diente. So etwas ist gar nicht schwer zu verwirklichen. Wir müssen uns nur Torfziegel besorgen, das sind regelmäßig geformte Torfstücke, die mancherorts selbst heute noch als Heizmaterial Verwendung finden. Solche Ziegel schichtet man an den Rändern der geplanten Wasserstelle auf und verbindet sie durch Hindurchstecken dünner Holzstäbe. Wenn wir dann außen herum Torfmull aufgeschüttet haben, wird die Mitte mit Wasser gefüllt. Natürlich braucht in den meisten Fällen so ein Mini-Torfstich niemals randvoll sein, denn sein Wasser-

Am Rande darf der Sumpfporst nicht fehlen.

stand richtet sich immer nach der Füllung der ganzen Anlage. Dadurch haben wir den Vorteil, jederzeit beobachten zu können, inwieweit unser ganzes Moor durchwässert ist, und wenn wir nachgießen müssen, werden wir dieses Loch als Einfüllöffnung benutzen.

Doch mit so einer kleinen Moorwasserstelle kann noch manches Interessante verbunden werden. Der hier freiliegende Torfmull wird dem Sonnentau eine ideale Keimfläche bieten, und schließlich können wir damit rechnen, daß sich auch Libellen und anderes Kleingetier ansiedeln, die nur in moorigen Gewässern leben. Dies wären sogar besondere Kostbarkeiten, die andere Gartenbesitzer nicht haben.

Wurzeln wirken natürlich

Wie wir uns schon von Sumpf und Feuchtwiese her erinnern, gibt es im Moor keine Steine. Man kann wohl davon ausgehen, daß die Gletscher seinerzeit solche mitgebracht haben, doch sie liegen sicher tief im Bodengrund unter der Torfschicht vergraben. Andererseits können wir in vielen Mooren reichlich Wurzelstöcke und ähnliches Material finden. Was liegt also näher, als unter diesen das geeignete Gestaltungsmaterial zu suchen.

Hier kann man sich so richtig austoben, und wenn unsere Mooranlage groß genug ist, lassen sich hier viele bizarre Stücke unterbringen. Gegebenenfalls empfiehlt es sich auch, solche Strünke als Hintergrund außerhalb zu verwenden, so daß nur ihre Wurzeln in das Moor hineinragen. Am besten wird es immer sein, sich in natürlichen Moorgebieten umzusehen und sich an Ort und Stelle einzudecken. Es sei allerdings davor gewarnt, seine Kräfte zu überschätzen, denn solche Stöcke sind meist mit Wasser vollgesogen und dementsprechend schwer. Wenn wir großes Glück haben, finden sich Haufen ausgetrockneten Materials, welches Moorbauern zur Seite legten. Freilich sollten Sie um Erlaubnis fragen, doch es ist kaum anzunehmen, daß jemand etwas dagegen haben wird, wenn man sich hier bedient.

In unserem Garten haben wir dann die

Gelegenheit zu romantischen Aufbauten, die alsbald von den Moorpflanzen eingenommen und überwachsen werden. Dadurch ergeben sich reizvolle Geländebewegungen, die dieser Mooranlage das richtige Aussehen verleihen.

Das sogenannte Moorbeet

Da der Begriff „Moorbeet" sich als fester Bestandteil der Gartenfachsprache eingebürgert hat, wollen wir an dieser Stelle darüber sprechen, obwohl es mit eigentlichem Moor nur wenig zu tun hat. Die Pflanzen, die hier gepflegt werden, fordern zwar hinreichend Feuchtigkeit und auch ein mehr oder weniger lockeres, saures Substrat, doch von Staunässe halten sie gar nicht viel. Gerade darin liegt aber der grundlegende Unterschied zu den echten Moorpflanzen.

Die Charakterpflanzen, für die diese Bezeichnung getroffen wurde, müssen wir unter den Rhododendren suchen. Es sind dies wahre Schmuckstücke, die sowohl im blühenden Zustand zu dem Schönsten zählen, was unser Garten zu bieten hat, als auch mit ihren ledrigen, glänzend grünen Blättern einen jederzeit attraktiven Eindruck vermitteln. Neben der Bodenfeuchte verlangen sie eine hohe Luftfeuchtigkeit,

Auch unter den laubabwerfenden Rhododendren gibt es zauberhafte Blüten, wie beispielsweise *Rhododendron vaseyi.*

Die Blütenpracht der Rhododendren erscheint schier unerschöpflich.

und darin liegt der Grund, warum sie im Süden unserer Heimat weniger gut gedeihen als im Norden, in der Nähe des Meeres. Außerdem gelten sie als kalkfeindlich und lieben es gar nicht, mit hartem Leitungswasser gegossen zu werden. Weiterhin vertragen sie keine pralle Sonne, aber ebensowenig tiefen Schatten. Zu allem Überfluß haben sie auch flache Wurzeln und gedeihen nicht in Nachbarschaft anderer Flachwurzler, die für sie eine unerwünschte Bodenkonkurrenz darstellen. Man kann also ohne Übertreibung sagen, daß diese wunderschönen Pflanzen sehr hohe Ansprüche an ihren Pfleger stellen. Nur der Vollständigkeit halber sei erwähnt, daß es außer den immergrünen Rhododendren auch laubabwerfende gibt, die sich neben ihrer prachtvollen Blüte zusätzlich durch bunte Herbstfärbung auszeichnen. Sie werden in der Gärtnersprache fälschlich Azaleen genannt, obwohl sie ebenfalls der Gattung Rhododendron angehören.

Schon diesen einleitenden Worten können Sie entnehmen, daß wir eine solche Anlage sorgfältig planen müssen. Zunächst gilt es, den richtigen Platz zu finden. Hier genügt es, wenn die Sonneneinstrahlung am Morgen oder am Abend gegeben ist und die Mittagsonne durch das Haus oder durch entsprechende Bäume abgehalten wird. Als solche kommen nur Tiefwurzler in Frage, wie Kiefer, Eiche oder Tanne, oder auch strauchförmige japanische Ahorne oder ähnliches. Birke, Fichte oder Buche müssen in jedem Fall als Begleitpflanzen vermieden werden, da sie der Oberfläche zuviel Wasser entnehmen und damit die Rhododendren verdursten lassen.

Leider sind wir gezwungen, wenn unser Grundstück nicht zufällig auf Moorerde liegt, wieder einmal etwa 50 cm tief auszugraben. Diesen Aushub mit Folie auszulegen ist nicht unbedingt nötig, es sei denn, wir wollen die Wurzeln größerer Bäume davon abhalten, in das Substrat vorzudringen. Zur Auffüllung verwenden wir eine Mischung aus Torfmull, Rasenhumus, Moorerde oder Magerkompost. Jetzt aber kommt das Allerwichtigste: Die Oberfläche wird mit einer sogenannten Mulchschicht abgedeckt, die aus Laub, Rindenmull, gehäckseltem Holz oder ähnlichem bestehen soll. Natürlich eignet sich dafür besonders gut gerbsäurehaltiges Material, wie Eichenblätter oder -rinde. Diese Mulchschicht fördert nicht nur das Bodenleben, sondern schützt auch vor austrocknenden Winden.

So vorbereitet kommt man selbst in ungünstigen Gegenden über die Runden und muß höchstens nach vier Wochen Trockenheit gegebenenfalls mit kalkhaltigem Wasser gießen und sprühen, wenn nichts anderes zur Verfügung steht. Diese geringen Kalkmengen scheinen solche Pflanzen nicht zu verübeln, und ich kann aus eigener Erfahrung berichten, daß ich seit Jahrzehnten schon Rhododendren mit Erfolg kultiviere und mich inzwischen an mannshohen, reichblühenden Sträuchern erfreue.

Eines aber kann uns trotz aller Probleme abschließend trösten: Die meisten halten unsere Winter ohne Schwierigkeiten aus. Stammen sie doch größtenteils aus Gebirgslagen, deren kalte Jahreszeit für alles andere als mild gilt.

Die Heide

Wenn wir von Heide sprechen, denken wir unwillkürlich an die Lüneburger Heide, eine der großartigsten „Naturlandschaften", die unsere Heimat bietet. Wer sie einmal durchwandert hat und das möglichst während der Blütezeit, wird dieses Erlebnis nie wieder vergessen. So weit das Auge reicht, breitet sich eine purpurrote Fläche aus, lediglich unterbrochen durch eingestreute, oft recht bizarre Wacholder.

Dabei ist diese Heide gar nicht natürlichen Ursprungs, denn ohne den Einfluß des Menschen hätte sie niemals bestehen können. Wenn Moore trocken fallen, bildet sich das noch reichlich feuchte Heidemoor, und mit zunehmender Trockenheit entsteht daraus schließlich die Heide. Doch diese ist nicht von langem Bestand. Sie wird alsbald zum Wald. Birken und Kiefern setzen sich durch und rauben den Heidekräutern das nötige Licht. Sie kümmern nur noch dahin, und über kurz oder lang müssen sie den Platz räumen. Hier hatte offensichtlich der Mensch seine Hand im Spiele, vielleicht zunächst durch Brandrodung und, nach Wiedererstehen

Viele Gestaltungsmöglichkeiten bringt die Heide.

des Waldes, durch Vieheintrieb, der jegliche Verjüngung unterdrückte und schließlich zum Absterben beitrug. Auch die neu entstandene Heide wäre längst wieder zu Wald geworden, wenn die Heidschnucken dies nicht verhindert hätten. So merkwürdig sich das alles anhört, aber hier haben wir eines der wenigen Beispiele, wie der Mensch auch einmal positiv in das Naturgeschehen eingreifen kann. Leider sind die Heidschnucken heute viel seltener geworden, und wer weiß, wie lange wir diese einmalige Landschaft noch uneingeschränkt genießen dürfen.

Wenn auch die Heide eher einen melancholischen Eindruck vermittelt, wird sich der Naturfreund durch sie weiterhin beeindrucken lassen, und daher rührt auch der Wunsch vieler Gartenfreunde, zumindest ein Stück davon innerhalb ihres eigenen Lebensraumes zu haben. Dies ist auch gar nicht allzu schwer, und fast wäre man geneigt zu sagen, es sei die leichteste aller Gestaltungsmöglichkeiten. Es erübrigt sich beinahe, besonders darauf hinzuweisen, daß wir hier geradezu ein Paradies für Bienen und Hummeln schaffen, ganz abgesehen von Eidechsen und anderem Getier, das sich in einer solchen Anlage „zu Hause“ fühlen wird.

Nur am Rande sei vermerkt: Wir kennen auch noch einige andere Heidetypen, wie beispielsweise die Wacholderheide der Schwäbischen Alb, die mehr der Landschaft des Trockenrasens nahekommt oder die Gebirgsheiden, die von der Schneeheide geprägt werden, die den lateinische Namen *Erica* trägt, während die eigentliche Besenheide *Calluna* genannt wird. Es ist also ein Irrtum, wenn wir von dem kleinen Blümelein sprechen, das auf der Heide blüht und „Erika“ heißt. Calluna wäre jedenfalls richtiger, aber vielleicht singt es sich nicht so gut.

Calluna braucht Sonne, *Erica* verträgt Schatten

Obwohl die Besenheide und die Schneeheide niemals in der Natur vergesellschaftet vorkommen, so können wir uns jedoch die Freiheit nehmen, in unserem Garten beide Vegetationstypen zu vereinen. Dies gestattet uns, einen Platz zu wählen, der neben voller Sonnenbestrahlung auch ein Stück Halbschatten umfaßt. So wird die Planung nicht unerheblich erleichtert.

Weiterhin ergibt sich für uns der nicht gering zu schätzende Vorteil, eine Pflanzengruppe zu haben, die im zeitigen Frühjahr, oft schon aus dem letzten Schnee heraus, blüht, und eine zweite, die ihren größten Schmuck im Spätsommer zeigt. Zwischendrin gibt es noch zahlreiche Kleingehölze, wie Ginster und ähnliches, die ihre Blüten im Spätfrühling entfalten. Wenn alles geschickt eingerichtet wird, schaffen wir das ganze Jahr hindurch Höhepunkte bis hin zur lebhaften Herbst-

Große Steine passen gut zu dieser Landschaft.

färbung einiger Sträucher, die wir an den Randzonen unterbringen werden. Auch die Fläche selbst wirkt nie langweilig, denn das unterschiedliche Grün der beiden Heidetypen, aufgelockert durch eingestreute graugrüne Schwingelpolster, läßt es niemals an Abwechslung fehlen. Einige sparsam verwendete strenge Wacholder tun ein übriges dazu.

Naturgemäß wären als Hintergrund Birken besonders schön, da ihre weiße Rinde den gewünschten Kontrast bildet. Doch in diesem Falle empfiehlt es sich, die Heidezone durch eine etwa 50 cm tief gelegte Folie abzutrennen. Solche Bäume haben, wie bereits erwähnt, die Eigenschaft, durch Wasserentzug nichts in ihrer unmittelbaren Umgebung gedeihen zu lassen.

Wie bereits oben erwähnt, läßt eine natürliche Heidelandschaft einen Hauch von Melancholie aufkommen. Die künstlerische Freiheit des geschickten Gärtners erlaubt es jedoch, dazu beizutragen, daß jede Eintönigkeit vermieden wird, dies jedoch nur bis zu dem Punkt, an dem noch alles harmonisch zusammenpaßt und weder kitschig noch gar naturfremd wirkt.

WELCHE ERDE NEHMEN WIR?

Calluna ist kalkfeindlich, und wenn unsere Gegend mit weichem Leitungswasser versorgt wird, dann bleibt uns die mühevolle Arbeit des Aushebens einer Grube erspart. Wir stechen nur die Grasnarbe ab und legen sie zum Kompostieren beiseite. Sollte sich auf Grund des Geländes die Möglichkeit zu einer Erhöhung ergeben, bleibt uns weiter nichts zu tun, als etwa 25 cm eines Gemischs von Torfmull und Quarzsand aufzuschütten. Dabei liegt es im Rahmen unserer Geschicklichkeit, den Boden nach Belieben zu modellieren: Hier eine kleine Erhöhung und dort eine ebensolche Vertiefung, damit alles etwas lebendiger und abwechslungsreicher gestaltet wird. Heide ist imstande, ein gewisses Maß von Trockenheit zu ertragen, und wenn wir wirklich einmal wässern müssen, weil die natürlichen Regenfälle nicht ausreichen, dann können wir dies unbesorgt mit Leitungswasser tun. Oft wird es ohnehin nicht vorkommen, und wir haben uns zumindest im Hinblick auf die Wasserzuführung eine recht pflegeleichte Anlage geschaffen.

Anders sieht es jedoch in Gegenden mit hartem Leitungswasser aus. Hier bleibt es

Wacholder und Heidekraut gehören immer zusammen.

uns nicht erspart, mindestens 50 cm auszuheben und dann mit dem oben erwähnten Gemisch aufzufüllen. Das Auslegen der Grube mit einer Folie garantiert uns zwar ein bestimmtes Wasserreservoir, dürfte aber erfahrungsgemäß nicht unbedingt nötig sein. Nur in sehr trockenen Sommern können wir Probleme bekommen, im allgemeinen jedoch wird schon die Winterfeuchtigkeit ausreichen und zusammen mit den Regenfällen das Jahr über für die nötige Bodenbenetzung sorgen. Wenn es einmal wirklich anders geht und man aus der Leitung wässern muß, so dürfen wir damit rechnen, daß der Torfmull den so gelegentlich eingebrachten Kalk für lange Zeit zu binden imstande ist.

Sollte ein Stück für die halbschattig zu haltende *Erica* reserviert werden, so muß man an dieser Stelle lockere, humose Magerkomposterde einbringen. Die Winterheide liebt etwas mehr Feuchtigkeit und bevorzugt außerdem Kalk. Hier können wir, falls nur weiches Leitungswasser zur Verfügung steht, von Zeit zu Zeit mit feinzerstoßenen Eierschalen nachhelfen oder auf andere Weise für die nötige Kalkzufuhr sorgen.

Nur eines will ich bei dieser Gelegenheit noch ausdrücklich erwähnen: Beide Heidetypen neigen dazu auszuwachsen und im Laufe der Zeit immer längere, holzige Stiele zu entwickeln. So werden sie von Jahr zu Jahr struppiger, und eines Tages wird die Anlage einen ungepflegten Eindruck vermitteln.

Dies gilt es zu verhindern, und wir können es in einfacher Weise tun. Die alten Blütentriebe müssen jedes Jahr abgeschnitten werden, und zwar kurz unter dem ersten alten Blütenrest. So bleiben die Pflanzen buschig und können jahrzehntelang unser Auge erfreuen. Die Heidschnucken machen es übrigens genauso, und wir tun damit im Prinzip das gleiche, was der Mensch schon seit jeher für den Erhalt der Heide getan hat. Allerdings dürfen wir niemals in das alte Holz hineinschneiden. Dabei würden die Pflanzen über kurz oder lang absterben. Wenn es doch einmal geschieht, ist dies jedoch nicht allzu tragisch, denn unansehnlich gewordene Stöcke lassen sich unschwer durch neue ersetzen.

Abschließend noch einige Worte über den Zeitpunkt, an dem der alljährliche Schnitt erfolgen soll. Bei der Schneeheide liegt er unmittelbar nach dem Verblühen, also im März oder in langandauernden Wintern im April, und bei der Besenheide ist es zweckmäßig, bis Ende April zu warten oder gar erst bis Mitte Mai. Letzteres gilt vor allem für den Süden unserer Heimat, wo die sogenannten Eisheiligen um diese Zeit manchmal noch recht böse Fröste bringen können.

Verbindung zum Moor

Wenn wir in unserem Garten ein Moor geplant haben, sollte die Heide unmittelbar daran anschließen. Dabei ergibt sich die Gelegenheit, einen reizvollen Übergang durch ein Heidemoor zu gestalten. Es bleibt uns weiter nichts zu tun, als das Gelände nach dem Moor etwas zu erhöhen, um dann in diesem Niveau die Heide anlaufen zu lassen. Natürlich muß das Heidemoor noch über der Folie liegen und mit Torfmull gefüllt sein, damit es deutlich feuchter bleibt als die Heide selbst.

Im allgemeinen wird die Vegetation des Moores in die des Heidemoores übergreifen, doch hier haben wir die einmalige Gelegenheit, noch eine weitere Charakterpflanze anzusiedeln: die Glöckchenheide. Ihre fleischroten Blüten entfalten sich erst im Sommer, und da dies im allgemeinen etwas früher erfolgt als bei der Besenheide, haben wir damit noch ein weiteres Element zur Auflockerung des Blütenjahres. Wo das Heidemoor in die eigentliche Heide ausläuft, wo also die Erde schon sandiger wird, können wir der Krähenbeere einen Platz zuweisen, die zwar im ganzen unscheinbarer wirkt, aber durch ihre schwärzliche Benadelung einen deutlichen und ungewöhnlichen Kontrast vermittelt.

Bevor wir jedoch endgültige Beschlüsse fassen, wäre es jetzt an der Zeit, noch einmal zu dem Kapitel „Teich" zurückzublättern, wo schon einige Worte über den Anschluß eines Moores direkt an das größere Gewässer gesagt wurden. Ich könnte mir vorstellen, daß die Kombination Teich, Moor, Heidemoor und Heide durchaus überlegenswert erscheint. Vielleicht wäre durch eine großzügige Auslegung dieses Gedankens auf die Biotope Sumpf und Feuchtwiese zu verzichten, zumal diesen beiden ein etwas breiteres Stück durch eine Kombination an einer anderen Stelle des Teichrandes eingeräumt werden könnte. Dadurch wäre es möglich, die gesamte Heidelandschaft zu vergrößern. Für die Tierwelt würden sich dabei kaum Ein-

Die Winterheide blüht oft schon aus dem letzten Schnee heraus.

STEINE UND HÖLZER

Ich erinnere mich noch gut daran, einmal eine tagelange Tour durch den Norden von Holland bis in die Gegend von Fallingbostel unternommen zu haben mit dem Zweck, dort alle bekannten Hünengräber zu inspizieren. Hier hat sich mein Eindruck verstärkt, die Heidelandschaft mit großen Steinen zu assoziieren. Die Vorstellung, daß alle diese tonnenschweren Blöcke als Reminiszenz an die Eiszeit dienen, die vor zehntausend Jahren zu Ende ging und sozusagen auf dem Rücken ihrer Gletscher diese Fracht vom Norden bis zu uns trug, hat mich immer schon beeindruckt. Offensichtlich ging es den steinzeitlichen Menschen nicht anders, denn sie müssten auch schon solche Steine als Wunder angesehen haben, wofür spricht, daß sie überall Gebrauch davon machten. Dabei hinterließen sie uns kaum andere Zeugnisse ihrer Existenz, so daß es heute noch der Wissenschaft an Klarheit darüber fehlt, welches Volk die Megalithen aufeinandergetürmt hat. Doch wie dem auch sei,

schränkungen ergeben, weil ohnehin alles darin enthalten ist, was sie zum Leben benötigen. Freilich müßten wir dabei auf manche schöne Pflanze verzichten, doch erfahrungsgemäß kann man kaum alles haben. Die Pflege wäre jedenfalls auf solche Weise erheblich einfacher.

Steine und Heide gehören zusammen und stellen sich uns als untrennbare Einheit vor.

Wir werden also gar nicht anders können, als unsere Heidelandschaft in solcher Weise zu dekorieren. Freilich wird nicht jeder das Glück haben, über einen oder gar mehrere Findlinge zu verfügen, doch kleinere Stücke tun es für unsere Gärten auch, und die kann man sich schon irgendwie beschaffen. Bitte blättern Sie noch einmal zu dem Kapitel „Steine“ zurück, denn jetzt können Sie alles verwerten, was über dieses Thema gesagt wurde.

Es empfiehlt sich auch, überall flache Trittplatten anzubringen, von welchen aus man alle Pflegearbeiten bequem ausführen kann und die ein weiteres dazu beitragen, die Landschaft aufzulockern und ihr trotzdem ein einheitliches Aussehen zu verleihen. Vielleicht können Sie sich dies alles noch gar nicht richtig vorstellen, doch sobald Sie den ersten Versuch gemacht haben, werden auch Sie überzeugt sein.

Dasselbe gilt auch für Holz in jeder Art. Da die Heide im Laufe ihrer Entstehung mehrmals dem Wald Platz machen mußte, nimmt es nicht wunder, daß überall Stellen mit überwachsenen romantischen Wurzelstöcken herausragen, die ebenfalls wie die Steine ein Charakteristikum dieser Umgebung ausmachen.

So gut, wie es nur irgendwie geht, versuchen wir nun, diese Landschaft nachzuahmen. Verbunden mit kleinen Höhenunterschieden im Gelände kommt schließlich etwas dabei heraus, das uns täglich von Neuem fasziniert und gerade das darstellt, was angestrebt wird, nämlich die Verwirklichung eines echten Wohnbiotops. Die Heidelandschaft macht es uns leicht, diesen Gedanken in die Tat umzusetzen.

Auch bei der Schneeheide sollte man darauf achten, nicht zu viele Sorten zusammenzupflanzen.

Der Trockenrasen

Was müssen wir uns unter einem Trockenrasen vorstellen? Es ist dies ein heideartiges Gelände, ähnlich den Wacholderheiden auf der Schwäbischen Alb, ein Landschaftstyp also, der auf zumindest im Sommer trockenem, häufig steinigem, vielfach aber auch sandigem Gebiet existiert. Im Unterschied zu der auf nährstoffreichem Untergrund wachsenden und häufig vom Menschen gedüngten Wiese zeigt er nur lockeren Bewuchs.

Er kommt nahe an das heran, was wir als eine Art Steppe bezeichnen, und fällt besonders dadurch auf, daß Gehölze weitgehend fehlen.

In Mitteleuropa ist wohl jede steppenartige Fläche auf den Einfluß des Menschen zurückzuführen. Eine natürliche Gesellschaft in dieser Art könnte sich nicht lange halten, ohne nicht früher oder später einer waldartigen Vegetation Platz machen zu müssen. Brandrodung stand wohl am Anfang, Überweidung folgte und in gewissen Gegenden tat der Wind das Seine dazu, die schon immer schwache Humuskrume zu erodieren.

So sieht ein natürlicher Trockenrasen aus.

Echte Steppen gibt es auf unserem Kontinent nur im Osten, und hier dürfte der stetig wehende Wind jeglichen Baumbewuchs unterdrückt haben. Doch wie dem auch sei, das Wort „Steppe“ sagt, unabhängig von ihrer Entstehung nichts weiter aus, als daß es sich um gehölzfreien oder gehölzarmen Magerrasen handelt, dessen Gräser, Kräuter und sonstige Gewächse eine zeitweilige Trockenheit zu überdauern vermögen. Doch um nicht zu tief in das Gebiet der Terminologie abzugleiten, soll bei dem einleitenden Begriff „Trockenrasen“ verblieben werden, zumal wir uns jetzt vorstellen können, was darunter gemeint ist.

Jedenfalls gibt der lockere Bewuchs und das weitgehende Fehlen hoher, kräftig wuchernder Gräser einer Unzahl von interessanten und schön blühenden Pflanzen Platz, denen wir in solcher Fülle, zumindest im Frühjahr, nirgends sonst begegnen werden. Eine solche Vegetation liefert keine brauchbare Ernte und kann kaum als

Weidegrund benützt werden, denn bestenfalls die genügsamen Schafe finden noch etwas Verwertbares. Solange man derartiges Gelände nicht düngt und damit melioriert, wird es uns noch lange erhalten bleiben.

Doch dies bringt uns unmittelbar zu dem Problem, das in unseren Gärten bewältigt werden muß, wenn eine solche Anlage entstehen soll. Wir können unsere Gartenerde noch so mit Sand ausmagern, es werden immer genug Nährstoffe zurückbleiben, daß sich unerwünschte Gräser ansiedeln, die unseren anfänglichen Erfolg und damit auch unsere Freude vereiteln.

Deshalb sei unsere größte Sorge, gleich nach der ersten Bepflanzung den Boden mit Fichtennadeln oder mit einem Gemisch von Torfmull und Sand abzudecken, um jegliche Keimung angeflogener Samen zu verhindern. Diese Auflage muß jedes Jahr, am besten im Spätherbst wiederholt werden.

Leider wirkt sie etwas unnatürlich, doch habe ich bis jetzt keine bessere Methode gefunden. Ich dulde nur das attraktive Federgras, dessen Horste sich gut kontrollieren lassen und freue mich immer wieder über die schier unerschöpfliche Blütenpracht von verschiedenen Iris, Adonisröschen, Küchenschellen, Silberdisteln und Karthäusernelken bis hin zu den genügsamen Zwiebelpflanzen, die hier in reicher Zahl gedeihen.

Auf Sonne können wir nicht verzichten

Alle schönen Pflanzen der Trockenrasen-Gesellschaft kann man als echte Sonnenkinder bezeichnen. Wir müssen also einen Platz wählen, der den ganzen Tag im vollen Sonnenlicht steht, wenn richtige Freude an ihrem Gedeihen und ihren zauberhaften Blüten aufkommen soll. Dabei darf man nicht vergessen, daß nur die Sonne auch nach ausgiebigen Regengüssen schnell wieder für die nötige Austrocknung sorgt, die diese Pflanzen im Sommer unbedingt brauchen, wenn sie nicht beginnen sollen zu verfaulen.

Andererseits bringt uns schon das Frühjahr eine Unmenge herrlicher Blüten, die allerdings erst dann erscheinen, wenn der Winter sich endgültig verabschiedet hat. Ich habe es schon erlebt, daß Ende März Adonisröschen und Küchenschellen blühten. Leider hat sich der Winter in den letzten Jahren angewöhnt, sich spät einzustellen und entsprechend spät dem Frühling Platz zu machen. Da kann es schon mal vorkommen, daß wir lange warten müssen, bis sich diese Blüten entfalten. Doch alles zu seiner Zeit; gänzlich verzichten muß man niemals auf sie.

Mit dem ausgehenden Frühjahr kommt auch das Ende der reichen Pracht. Nur Silberdisteln und Karthäusernelken bringen noch etwas Farbe in den beginnenden Sommer. Wir sind jedoch durchaus in der

Im Garten müssen wir uns auch beim Trockenrasen mit Kompromissen zufriedengeben.

Lage, korrigierend einzugreifen, wenn wir, um auch diese Zeit zu beleben, Graslilien und die pfirsichblättrige Glockenblume hinzufügen. Sie gehören zwar nicht unbedingt in den Trockenrasen, aber sie passen dennoch recht gut dazu. Die letzteren sind auch mit etwas überschatteten Plätzen zufrieden, falls sich in den Randzonen solche ergeben sollten.

Den Herbst wiederum können wir mit spätblühenden Krokussen bereichern, und somit wird diese Fläche das ganze Jahr über einen reizvollen Anblick bieten, vor allem wenn man bedenkt, daß beispielsweise die verschiedenen Iris auch in nichtblühendem Zustand sehr attraktiv aussehen.

Auf die besonderen Juwele des Trockenrasens, die Orchideen, möchte ich nicht weiter eingehen, obwohl es inzwischen auch möglich wurde, diese gärtnerisch zu vermehren.

Sie sind aber immer noch recht teuer, und es wird sich wohl nicht jeder solche Kostbarkeiten leisten können, zumal ihre Kultur nicht zu den leichtesten zählt. Andererseits sollten wir solchen Pflanzen wenigstens einen kleinen Platz einräumen, denn wer weiß, wie lange sie noch in der freien Natur zu finden sein werden.

In unseren Gärten könnten wir ihnen schließlich einen sicheren Schutz vor dem Aussterben bieten.

DIE ANLAGE SCHAFFT KEINE PROBLEME

Der ausgewählte Platz wird zunächst einmal markiert, und dann muß man die Grasnarbe abheben. Wenn wir die Möglichkeit haben, das Niveau etwas zu erhöhen, kann man sich die Arbeit sparen, noch tiefer auszugraben.

Zunächst müssen wir eine 10 cm hohe Drainageschicht vorbereiten, die aus nicht zu kleinen Kieseln bestehen sollte. Ideal ist dabei der Gartenriesel, der zum Aufkiesen von Wegen Verwendung findet. Es können aber unbesorgt auch einige größere Steine dabei sein. Auf jeden Fall ist es nötig, daß diese Schicht immer durchlässig bleibt. Stauende Nässe wäre für solche Pflanzen tödlich. Selbst starke Regengüsse dürfen nicht gehalten werden, und das überflüssige Wasser muß möglichst schnell absickern.

Anschließend wird dann eine Mischung aus lockerer, humoser Erde und Quarzsand eingebracht. Je kompakter sich die Erde anfühlt, desto mehr Quarzsand ist als Beimengung erforderlich. Diese Schicht nimmt eine Höhe von etwa 20 cm ein. Dann bleibt uns weiter nichts mehr zu tun, als die Verteilung der vorgesehenen Pflanzen zu planen. Auch hier gilt der Grundsatz, daß es besser ist, die vorberei-

Zwergige Irisarten verleihen unserem Trockenrasen eine besondere Note.

tenden Arbeiten im Herbst auszuführen und mit der Bepflanzung bis zum Frühjahr zu warten, damit sich die Erde setzen kann und uns das die Möglichkeit gibt, entsprechend nachzufüllen.

Somit hätten wir alle einleitenden Arbeiten abgeschlossen und können in Ruhe den nächsten Frühling abwarten, bevor die endgültige Entscheidung getroffen wird, welcher Auswahl dieser pflanzlichen Kostbarkeiten eine Heimat in unserem Garten gegeben werden soll. Der lange Winter läßt uns Zeit genug, eingehend darüber nachzudenken.

Hier lohnt sich besonders das wohlüberlegte Vorgehen, damit man sich früh genug umsehen kann, wo wir in Spezialgärtnereien die gewünschten Pflanzen bekommen. Es ist zu empfehlen, sie rechtzeitig zu bestellen, damit man auch im Frühjahr zuverlässig beliefert wird. Manche dieser Gewächse sind recht selten, auch oft nur in kleiner Zahl erhältlich und wie es immer so heißt: Wer zuerst kommt, mahlt zuerst!

Wasser ist nur im Frühjahr wichtig

Wenn wir schließlich im Frühjahr unsere Pflanzen im Hause haben, dann werden sie geschickt über die Anlage verteilt und anschließend endgültig in den Boden eingebracht. Die Pflanzen muß man natürlich gut angießen, was ihnen auch trotz ihrer Liebe zur Trockenheit nicht schaden wird, denn im Frühling brauchen sie grundsätzlich ohnehin viel Wasser. Sollten um diese Zeit nicht genügend Regengüsse fallen, kann auf eine Bewässerung auch in den folgenden Jahren nicht verzichtet werden. Im Sommer, nach der Blüte also, begnügen sie sich mit immer weniger Wasser und wollen auch bei Trockenheit nicht gegossen werden. In verregneten Sommern sorgt dann die Drainageschicht dafür, daß sie keine nassen Füße kriegen.

Die Drainageschicht zeigt auch im Winter ihre guten Seiten. Wenn diese Jahreszeit schnell hereinbrechen und gleich mit ausreichendem Frost beginnen würde, wäre alles nur halb so problematisch. Bei uns aber kommt es vor, daß unerwartet milde Strömungen auftreten und der Boden auftaut. Vor allem der berühmte und zugleich berüchtigte Föhn in Deutschlands Süden bringt immer wieder solche Störungen, die für viele Pflanzen ausgesprochen ungesund sind. Ohne Drainageschicht würde es in derartigen Fällen schnell zu Staunässe kommen, was unangenehme Folgen hätte.

Wenn ich hier überhaupt einige Worte über den Föhn einfügen darf: Dieser Südwind trägt fast immer die Verantwortung für unerklärliche Ausfälle durch Erfrieren oft gerade der interessantesten Pflanzen. Nach einer Frostperiode kommt plötzlich ein Temperaturanstieg von bis zu 30° C bei gleichzeitig blauem Himmel und in-

Die Silberdistel öffnet ihre Blüten nur bei Sonnenschein.

tensiver Sonnenbestrahlung. Pflanzen, die solches Wetter nicht gewohnt sind, lassen sich täuschen und glauben, der Frühling sei ausgebrochen.

Sie fangen an zu treiben, vor allem wenn diese Wetterlage länger dauert, und der nachfolgende, oft strenge Frost läßt sie dann erfrieren. So kommt es, daß Pflanzen, die man viele Jahre gepflegt hat, plötzlich ausbleiben, ohne einen leicht begreiflichen Grund zu zeigen. Zwar ist das Jahr über volle Besonnung erwünscht, im Winter jedoch hat es sich als sehr vorteilhaft erwiesen, wenn durch eine entsprechend hohe Randbepflanzung die Sonne dieser Jahreszeit abgeschirmt bleibt. Besonders heikle Pflanzen wird man mit dunkler Plastikfolie oder etwas ähnlichem nach den ersten Frösten abdecken, damit die sie umgebende Erde bis zum Frühjahr in gefrorenem Zustand verharrt.

Es hat zwar mit dem Trockenrasen nichts zu tun, aber selbst empfindliche Bäume sollte man vor Wintersonne schützen, zumindest bis sie so alt sind, daß sie solche Witterungsumschläge ertragen. Stellen Sie sich deshalb immer die Frage, was daran schuld sein könnte, wenn unerwartet etwas ausbleibt. Nur selten trägt die Kälte die Schuld daran, sondern fast immer winterlicher Regen oder Sonnenbestrahlung.

Ausser Trittplatten brauchen wir keine Steine

Doch nun noch einige Worte zum Gestaltungsmaterial. Wenn Sie sich die natürlichen Gegebenheiten vor Augen halten, werden Sie selbst darauf kommen, daß größere Steine auf unserem Trockenrasen nichts zu suchen haben. Einige kleinere Stücke mögen angehen und vielleicht auch ein Stück Holz, das selbst in der Natur vorkommen kann. Meist ist jedoch eine solche Formation ziemlich öde und leer.

Will man also diesen Umständen entsprechen, sollten tunlichst die Pflanzen selber als Dekoration gelten. Ich möchte nur zu einer einzigen Ausnahme raten: Falls Sie besonders wertvolle Gewächse pflegen, empfiehlt es sich, sie mit einem Ring kleiner Steine zu umgeben. Dies soll aber keineswegs als Zierde gelten, sondern erfüllt lediglich den Zweck einer besseren Kontrollmöglichkeit.

Noch eines wäre zu erwähnen: Wenn Sie überall gut hinkommen wollen, um die nötigen Pflegearbeiten zu verrichten, sollten Sie in regelmäßigen Abständen Trittplatten verlegen. In diesem Fall wird ein unauffälliges, gedecktes Gestein verwendet, von welchem keine störende Wirkung ausgeht. Manchmal muß man eben auch etwas für die eigene Bequemlichkeit tun, denn es wäre wirklich nicht sinnvoll, sich in seinem eigenen Wohnbiotop nur sozusagen im Handstand bewegen zu können.

Schließlich müßte noch irgendwo, zum Beispiel nahe der Randzone, eine kleine Wasserstelle in Form eines eingegrabenen Eternittroges einbezogen werden. So etwas kann man an vertieften Stellen auch in der Natur finden. Dies gibt uns die Möglichkeit, einige Pflanzen unterzubringen, die etwas mehr Feuchtigkeit lieben. Die Umgebung dieses Troges bietet Platz für das sibirische Adonisröschen, welches sehr früh blüht und damit den bunten Reigen eröffnet, oder für einige Zwergnarzissen, die es etwas feuchter wollen und auf die wir keinesfalls zu verzichten bereit sind. Wir brauchen nicht ängstlich zu sein, damit einen Stilfehler zu begehen, denn in der Natur gibt es auch den Landschaftstyp des „Halbtrockenrasens“ und was sollte uns davon abhalten, beide Formationen miteinander zu verbinden. Dies ist wieder einmal ein Beispiel dafür, daß wir unseren Garten noch reichhaltiger gestalten können, als die Natur dies nur in Ausnahmefällen tun würde. Es erweist sich tatsächlich als relativ einfach, eine solche Anlage zu verwirklichen und zu pflegen. Dieser geringe Aufwand lohnt sich allemal, wenn man dafür etwas bekommt, was nicht alle haben und deshalb entsprechend bestaunen. Auch Tiere werden sich einfinden, und außer zahlreichen Insekten, wie z.B. Schmetterlinge, und Hummeln, die sich besonders an den Silberdisteln laben, dürfen wir auf Eidechsen hoffen, die einen solchen Lebensraum bevorzugen.

Die Blumenwiese

Unter einer Blumenwiese haben wir eine natürliche ungedüngte Wiese zu verstehen. Nur der Einfluß des Menschen ist in der Lage, eine solche Pflanzengesellschaft zu erhalten. Bleibt sie sich selbst überlassen, wird sie über kurz oder lang zu Wald werden. Lediglich die alpinen Matten können in diesem Zustand verbleiben, weil andere Faktoren dafür sorgen, daß kein Baumbewuchs aufkommt. Dies kann durch eine zu geringe Humusauflage auf felsigem Untergrund verursacht werden, durch steten Wind oder durch sonstige widrige Verhältnisse.

Wenn die Blumenwiese von Waldanflug freigehalten werden soll, muß sie unter allen Umständen einmal im Jahr gemäht werden. Auch eine zweimalige Mahd schadet nicht. Auf diese Weise werden Gräser und Blütengewächse im Gleichgewicht gehalten, und es kommt genau das heraus, was vor wenigen Jahrzehnten noch als die Norm galt. Margariten, Lichtnelken, Kuckucksblumen, Klee und Glockenblumen wetteiferten in ihrer Buntheit.

Doch das Streben nach höheren Erträgen veranlaßte die Bauern, die Wiesen zu düngen. Dadurch hat sich zwar die Grasernte und damit der Heuertrag vervielfacht, doch die bunten Blumen mußten auf der Strecke bleiben, weil ihnen das wuchernde Gras den Lebensraum streitig

So kann unsere Blumenwiese im Vorfrühling aussehen.

machte. Wenn wir heute durch wirtschaftlich genutzte Wiesenlandschaften wandern, sehen wir eine grüne Fläche und nur noch ein vereinzeltes Leuchten von Blütenfarben.

Ganz ähnlich verhält es sich mit Weideland. Das Gras wird durch das Vieh kurz gehalten und ausschließlich rosettige Pflanzen, wie Gänseblümchen, Wegeriche oder Löwenzahn vermögen sich noch durchzusetzen. Auch hier bleibt nur eine grüne Fläche übrig, die zwar dem Auge wohltut, aber darüber hinaus nichts zu bieten hat.

Dem intensiv genutzten Weideland wiederum ist der in unseren Gärten übliche kurzgeschorene Rasen vergleichbar, der ebenfalls nur Rosettenpflanzen durchkommen läßt, und dazu gesellt sich noch der Ehrenpreis, der oft ganze Nester für sich in Anspruch nimmt. Wiederum hat sich eine grüne Fläche durchgesetzt, die je nach Verunkrautung mehr oder weniger dekorativ, häufig aber sogar abstoßend wirkt, wenn die Rosetten so dicht werden, daß sie sogar das Gras verdrängen. Sein biologischer Wert hält sich in sehr engen Grenzen. Hauptsächlich Ameisen können hier existieren und die Amsel hackt sich Regenwürmer aus dem Boden.

Als Alternative bleibt uns nur die „natürliche" Blumenwiese, wobei das Wort natürlich in Anführungszeichen gesetzt werden muß. Doch nur ein langer, oft recht mühevoller Weg führt schließlich zu diesem Ziel. Heuschrecken, Grillen, Spinnen, Käfer und sogar Schmetterlinge könnten unser Lohn sein. Hierfür wird uns allerdings das Opfer abgefordert, diese Wiese nur in den ersten Wochen nach der Mahd, die, wie bei den bäuerlichen ursprünglichen Nutzwiesen, höchstens zweimal im Jahr erfolgt, betreten zu dürfen. Die übrige Zeit müßten wir sie in Ruhe lassen und könnten nur aus der Ferne das auskosten, was sie uns bietet. Vielleicht

Gelbe Krokusarten bringen lebhafte Farbeffekte.

genügt es uns, den bunten Anblick zu genießen, uns am Zirpen von Heuschrecken und Grillen zu erfreuen oder mit dem Fernglas den taumelnden Flug der Schmetterlinge zu beobachten. Dieser Aspekt dürfte auf jeden Fall überlegenswert sein!

Sonne und auch mal lichter Schatten

Natürlich benötigen wir für eine solche Anlage einen vollsonnigen Platz und müssen uns darüber im klaren sein, daß wir mit echtem Schatten nicht viel erreichen. Partien mit lichtem Halbschatten dagegen können unbesorgt mit eingeschlossen werden. Außerordentlich reizvoll wäre es, ein nach Süden sanft abfallendes Gelände vorzusehen. Das würde vornehmlich den Grillen zugute kommen, die eine solche Lage besonders lieben.

Um noch einmal auf die halbschattigen Randpartien zurückzukommen: Viele Pflanzen finden sich hier durchaus zurecht, zum Beispiel die Schirmblütler (Umbelliferen), zu denen Bärenklau, Kerbel oder auch Pastinak zählen. Manche solcher Pflanzen dienen als Futtergrundlage für die Raupen von Schmetterlingen. Auch die Brennessel, der wir hier eine wenig sichtbare, relativ dunkle Ecke einräumen können, ernährt gleich mehrere Arten derartiger Raupen. Die wilde Möhre, welche die Larve des prächtigen, sehr selten gewordenen Schwalbenschwanzes braucht, müßte allerdings ein bißchen heller stehen, wenn sie auch nicht auf ganztägige Besonnung Anspruch erhebt.

Es wird sich also auch für diese Plätze eine zweckmäßige Verwendung finden. Man muß sich nur einmal die Mühe machen, eine solche Wiese in der freien Natur aufzusuchen und aufmerksam zu beobachten. Vielleicht sollten wir uns nicht davor scheuen, mit einem engmaschigen Käscher den Bewuchs abzustreifen. Sie werden sich wundern, welch mannigfache Tierwelt sich darin verfängt.

Auf diese Weise fällt es uns leicht, ein Bild über den reichen Lebensraum Wiese zu gewinnen und dabei die eindrucksvolle Vorstellung zu erlangen, was uns alles erwartet, wenn wir einen solchen Biotop in unseren Garten verlegen. Machen Sie der Vollständigkeit halber den gleichen Versuch mit dem Netz auch über einer kurzgeschorenen Rasenfläche. Ich bin sicher, der Unterschied wird auch Sie überzeugen.

RASENERDE UND SONST GAR NICHTS

Es empfiehlt sich keinesfalls, die vorhandene Grasnarbe zu verwenden und langsam zur Blumenwiese umzufunktionieren. So etwas könnten wir bestenfalls nur dann tun, wenn es sich um ein kürzlich als baureif erklärtes Grundstück handelt, das zufällig auf dem Gelände einer bisher ungedüngten Blumenwiese liegt. Doch selbst dabei wäre ich vorsichtig, wenn ich nicht vorher diese Wiese während der Vegetationsperiode gesehen hätte.

Normalerweise würde ich so vorgehen wie immer, die alte Grasnarbe abstechen und zur Kompostierung zur Seite legen. Mehr braucht man vorerst nicht zu tun. Dann müssen wir an die Beschaffung von Humus denken. Wenn von früheren Anlagen her noch ein Vorrat zur Verfügung steht, dann können wir diesen jetzt sehr gut gebrauchen. Nur sollte man darüber nachdenken, wo dieser Humus früher lag. War es ein Rasen, oder waren es Gemüsebeete? Auf alle Fälle enthält er erfahrungsgemäß Dünger und wird damit für unsere Zwecke ziemlich unbrauchbar. Wir müssen uns also Gedanken darüber machen, wie dieser Dünger ausgedünnt werden kann. Ich habe dabei häufig die Methode angewandt, daß ich unter diese Erde Sägemehl von unbehandeltem Holz mischte, und zwar im Verhältnis 3:1, womit gemeint sein soll, daß ich auf drei Schaufeln Erde eine Schaufel Sägemehl nahm. So kann man ohne größere Umstände Magererde erzeugen.

Diese Erde wird nun eingebracht und, wie bei einer Rasenanlage üblich, mit einem breiten Holzrechen nivelliert und schließlich festgewalzt. Wir besorgen uns jetzt Samen von sogenannten „Untergräsern„, das sind solche, die nicht allzu hoch

Im späten Frühling folgen die Schlüsselblumen.

werden, dazu Kammgras, Ruchgras, Zittergras und auch das Straußgras dürfen wir nicht vergessen. Ich kann mich noch gut daran erinnern, wie ich mir früher derartiges Samenmaterial selbst in der freien Natur besorgen mußte, weil es so etwas nirgends zu kaufen gab.

Heute ist vieles anders geworden. Es gibt Spezialbetriebe, die jeden einzelnen Grassamen führen und dazu auch die Samen der üblichen Wiesenblumen, die wir ansiedeln wollen. Man mischt nun alles zusammen und sät aus, wie das bei einem Rasen auch gemacht werden würde. Anschließend wird noch einmal gewalzt, und dann müssen wir geduldig abwarten, was daraus entsteht. Lassen Sie sich bitte niemals einen normalen Rasensamen aufschwätzen, es sei denn, es wurde ausdrücklich darauf hingewiesen, daß er sich für die Anlage einer Blumenwiese eignet. Möglicherweise gibt es so etwas heute auch schon.

Vor der Aussaat ist es Zeit, an die Zwiebelgewächse zu denken. Es kommen dafür hauptsächlich solche in Frage, die relativ früh blühen, bevor die Gräser mit ihrem Wachstum beginnen. Krokusse dürften die größte Rolle spielen, wobei Sie nur auf Wildarten zurückgreifen sollten. Die großen Gartenzüchtungen passen nicht in eine natürliche Anlage. Auch Wildtulpen können das Bild bereichern, und in begrenztem Maße würden sich auch einige

Wenn auf unserer Blumenwiese Knabenkräuter gedeihen, dann haben wir mehr erreicht, als vorauszusehen war.

Lilien als herausragende Höhepunkte besonders gut eignen. Wenn die Zwiebeln nicht rechtzeitig vor der Aussaat beschafft werden können, muß man sie nachträglich stecken. Um dabei nicht alles niederzutrampeln, empfiehlt es sich, zu dieser Aufgabe kurze Bretter in handlicher Größe an die Füße zu schnallen, die dann das Körpergewicht besser verteilen. Dies mag zwar etwas unbequem erscheinen, hat sich jedoch als zweckmäßige Maßnahme erwiesen.

Die Aussaat sollte keineswegs vor dem Frühherbst geschehen, damit nicht eine sommerliche Hitzewelle den Erfolg gefährdet. Die Keimlinge, die noch im gleichen Jahr treiben, werden bis zum nächsten Sommer fest verwurzelt sein. Vermeiden Sie auf jeden Fall, wuchernde Gräser wie Quecken und Gleichartiges einzuschleppen, denn dann hätten Sie mit Ihrer Blumenwiese nur wenig Freude.

Sorgen Sie hingegen für Beimischung von Schafgarbe, Wundklee, Flockenblumen, Habichtskraut und ähnlichem, um nur einige der vielen Pflanzen zu nennen, die Schmetterlinge anlocken und die deren Raupen die nötigen Futterquellen bieten. Es würde zu weit führen, noch mehr Möglichkeiten aufzuzählen.

Ich möchte auch ausdrücklich erwähnen, daß solche Maßnahmen nur dann zum gewünschten Erfolg führen, wenn diese Schmetterlinge in der näheren Umgebung überhaupt noch vorkommen.

Vielleicht gehört heutzutage ein bißchen Glück dazu, doch ein Versuch kann niemals schaden.

Schirmblütler sind sehr wichtig für viele Insekten.

EINFACH UND DOCH PROBLEMATISCH

So weit, so gut. Die Anlage hätten wir mit geringem Aufwand erstellt. Doch nun folgt das Kardinalproblem, und das liegt darin, wie sich unsere Blumenwiese auch auf die Dauer erhält. Wie kann man sich den Löwenzahn vom Leibe halten, der in unserer Kultursteppe allgegenwärtig aufkommt? Seine breiten Rosetten ersticken vieles andere, das uns erhaltenswert erscheint. Wie gehen wir gegen den Ehrenpreis vor, der vielfach einen wesentlich größeren Platz einnimmt, als ihm unserer Meinung nach zusteht? Was sollte man gar tun, wenn sich Giersch in unsere Anlage einschleicht? Entweder wir werden es dulden müssen, oder wir führen einen erbitterten Kampf dagegen, der doch bei erheblichem Aufwand schließlich in Resignation endet.

Leider bin ich beim besten Willen nicht in der Lage, Ihnen hier ein Patentrezept zu verraten. Ich habe es schon zu oft erlebt, daß eine solche Blumenwiese, so schön und erstrebenswert sie auch sein mag, im Laufe einiger Jahre entartet. Wir haben einfach keine Chance, uns gegen den Anflug unerwünschter Samen zu wehren. Dies ist wohl bei all unseren anderen Anlagen dank besserer Kontrollmöglichkeiten machbar, doch bei einer Wiese mit ihrer vielschichtigen Pflanzengesellschaft wird es uns erst auffallen, wenn es bereits zu spät ist. Generell kann man sagen, daß überall, wo Gräser im Spiel sind, Schwierigkeiten auf uns zukommen. Ich habe längst die Konsequenz gezogen und alle Gräser, bis auf wenige übersichtliche und weder wuchernde noch aussäende Arten, aus meinem Garten verbannt. Vielleicht erinnern Sie sich, wie ich in einem früheren Kapitel den Begriff Unkraut aus meiner Sicht definiert habe: Unkraut ist alles, was sich so stark vermehrt, daß andere Pflanzen verdrängt werden. Dies gilt neben Löwenzahn, Ehrenpreis und Giersch vor allem für die meisten Gräser. Da eine Blumenwiese ohne solche Elemente nicht denkbar ist, habe ich mich längst dazu entschlossen, auf eine solche, und mag sie noch so attraktiv und biologisch wirksam sein, zu verzichten.

Andererseits kann ich auch von einem sehr gelungenen Versuch berichten. Vor vielen Jahren hat einer meiner Freunde unter meiner Beratung eine solche Blumenwiese eingerichtet, und, was soll ich Ihnen sagen, heute wachsen hier sogar Knabenkräuter. Alles, was ich befürchtet hatte, ist nicht eingetreten. Die Wiese wird von Jahr zu Jahr schöner und veranlaßt mich zu der Überzeugung, daß mit dem berühmten „kleinen Stückchen Glück“ eben alles geht.

AUF „DEKORATION„ KÖNNEN WIR VERZICHTEN

Bei einer Wiese können wir jegliche Art von Dekoration unterlassen. Es soll sich hier um eine gerade, ununterbrochene Fläche handeln, die aus sich selbst heraus harmonisch wirkt. Möglich wäre im Hintergrund eine Steingruppe, die den Blick anzieht, doch ich wäre sogar geneigt, selbst darauf zu verzichten, wenn eine abwechslungsreiche Kulisse von Bäumen und Sträuchern den Abschluß bildet.

Selbst Trittplatten würde ich als störend empfinden und dabei bewußt in Kauf nehmen, nicht überall auf bequeme Weise hinzukommen. Das einzige, was ich befürworten könnte, wäre ein rundherum gelegter Weg, der die Wiese nicht nur noch besser hervorheben, sondern gleichzeitig eine Barriere gegen die Ausbreitung auf größeres Gebiet bilden würde.

Letzteres wäre sogar besonders empfehlenswert, denn wir werden keinen Wert darauf legen, daß sich diese Wiese in unsere anderen Anlagen hinein ausdehnt. Ohne einen solchen abschließenden Weg, der auf einer relativ tiefen Sandschicht liegen oder noch besser betoniert sein sollte, wäre dies nicht zu vermeiden.

Die Steinflur

Vermutlich werden Sie sich über diese Überschrift wundern und sich möglicherweise gar nichts Richtiges darunter vorstellen können. Ich habe eine Abneigung gegen das Wort „Alpinum“, weil es mir zu unspezifisch und zu verallgemeinert klingt. Nicht nur unsere Alpen, sondern viele Gebirge - vom Kaukasus bis zu den Pyrenäen - tragen mit ihren typischen Gewächsen zur Schönheit dieses Teiles unseres Gartens bei ebenso wie weit entfernte Gebirge, vom Himalaja bis zum am anderen Ende der Welt liegenden Neuseeland. Hierbei dürfte der schließlich regional entstandene Ausdruck nicht mehr zeitgemäß sein.

Ein derart reich bewachsener Lochstein erfüllt alle Träume.

Zum anderen bin ich über das Wort „Steingarten“ auch nicht allzu glücklich, weil ich in meinen Bestrebungen zu den einzelnen Biotopen immer eine Bezeichnung wähle, die den ökologischen Verhältnissen entspricht. Mit dem Wort „Steinflur“ werden alle Pflanzengesellschaften erfaßt, die man mit dem Begriff „Stein“ in Verbindung bringt, beginnend mit der Geröllflur bis hin zu den in Felsspalten lebenden Gewächsen.

Wenn dies sehr großzügig ausgelegt wird, dann lassen sich sogar die Trockenmauer und die Mini-Gärten in Trögen mit einbeziehen. Schon allein diese Definition erlaubt keinen Zweifel darüber, was damit gemeint ist.

Die Pflanzen, die in solchen Regionen vorkommen, verdienen tatsächlich unsere vollste Aufmerksamkeit. Klein sind sie häufig und unscheinbar, doch sie erfreuen uns mit wundervollen Blüten. Alle Winkel haben sie erobert und existieren oft unter Bedingungen, die man schwer erfassen kann. Teils in voller Sonne bis hin zum tiefen Schatten wurden alle Lebensräume bezwungen, die ihre felsige Heimat bietet. Sie trotzen Sturm und Wind, und selbst das

Zwergnelken gehören zu den reizvollsten Steinflurpflanzen.

stets eisige Milieu am Rande von Gletschern haben sie in Besitz genommen.

Viele dringen mit ihren oft langen Wurzeln in die tiefsten Spalten vor, und andere wieder haben sich als die reinsten Hungerkünstler oder besser gesagt Durstkünstler erwiesen, wenn sie in praller Sonne fast ohne Wasser zu existieren vermögen.

Den Menschen hat die Flora der Felsen schon immer fasziniert, und bereits vor vielen Jahrzehnten erwachte der Wunsch, derartiges im eigenen Garten zu kultivieren. So kann man schöne „Steingärten" finden, die weit in das vorige Jahrhundert zurückgreifen, und es soll nicht verschwiegen bleiben, daß vornehmlich die Engländer mit einer fast kultischen Liebe diese Gewächse pflegen.

Doch auch bei uns greift diese Liebhaberei mehr und mehr um sich, und es ist tatsächlich nicht abzuleugnen, daß eine solche Anlage den Gartenfreund in ihren Bann zieht und somit dieser vielseitige Landschaftstyp in unserem Wohnbiotop nicht fehlen darf. Nicht nur wir erfreuen uns daran, sondern sind auch durchaus in der Lage, manchen Tieren, vor allem aber den Eidechsen und vielleicht sogar Blindschleichen, einen geeigneten Lebensraum zu spenden. Natürlich suchen viele Insekten solche farbenfrohen Blumen auf, und ich sehe jedes Jahr erneut, wie Schwebfliegen die Hauswurzblüten umschwirren und wie Bienen und Hummeln sich an Glockenblumen und Enzianen gütlich tun. Es gibt tatsächlich keine andere Möglichkeit, soviel Mannigfaltigkeit und Pracht auf relativ kleinem Raum zu verwirklichen.

Diesmal brauchen wir eine schräge Fläche

Natürlich ist dies nicht zwingend nötig, wir haben durchaus die Gelegenheit, eine solche Anlage auf ebenem Gelände aufzubauen, und dabei bietet sich der Typ des Geröllfeldes an. Es wäre sogar nicht einmal schwer, selbst hier Höhenunterschiede zu gestalten und damit Bewegung zu schaffen. Doch wenn man beispielsweise über eine nicht ganz ebenerdig liegende Terrasse verfügt und den Abfall bis zum Gartenboden überwinden will, dann hat man den richtigen Platz gefunden, von dem aus jede Möglichkeit offensteht, einen reizvollen Aufbau zuwege zu bringen. Sollte der Abhang noch dazu zumindest den halben Tag besonnt sein, dann haben wir gewissermaßen das große Los gezogen, denn jetzt bleibt kaum ein Wunsch mehr offen, um das wahr zu machen, was wir

Schon im zeitigen Frühjahr blüht das Hungerblümchen.

Auch aus Bossensteinen kann man eine Steinfluranlage gestalten.

uns immer erträumt haben, nämlich: Steine, Geröll und vielleicht sogar einen kleinen Bachlauf, der, mit einer Pumpe vom Teich gespeist, in unregelmäßigen Kaskaden wieder zu unserem Gewässer zurückläuft. Das leise Plätschern wird unseren Ohren wohl tun und das Ganze vermittelt den Eindruck des Lebendigen, des ewigen Kreislaufs, der als Sinnbild für das ganze Naturgeschehen gelten darf.

Natürlich können wir, falls eine solche Terrasse fehlt, den Steinaufbau auch an eine Mauer anlehnen. Diese muß allerdings vorher mit Asphalt isoliert werden. Zweckmäßigerweise wird man noch in einem gewissen Abstand dazu einen Streifen Dachpappe anbringen, wobei der Raum zwischen dieser und der Mauer mit kleinen Steinen aufgefüllt wird. Wenn dann vor der Dachpappe die Steine aufgetürmt werden, ist diese Mauer wirksam vor Durchfeuchtung geschützt.

Trotz allem sehe ich dies nur als einen Notbehelf an. Die erhöht liegende Terrasse wäre mir auf jeden Fall lieber, und sei es nur aus dem Gedanken heraus, daß wir uns in unmittelbarer Nähe unseres Felsengartens aufhalten und das dort immer reichhaltige Leben in aller Ruhe beobachten und genießen können. Unter solchen Umständen kann der Grundgedanke unseres Wohnbiotops als erfüllt angesehen werden.

DIE DRAINAGESCHICHT IST BESONDERS WICHTIG

Wenn unser Felsaufbau ebenerdig angelegt werden soll, dann müssen wir, immer wie gewohnt, zunächst die Grasnarbe abheben und den somit freigewordenen Raum mit kleineren und mittleren Steinen auffüllen. Dazu wird der Aushub unseres Gartenteiches verwendet, wenn dieser aus solchem Material besteht. Nach Möglichkeit decken wir diese Schicht mit Gartenriesel ab, damit nicht später Erde hineinsickert und die Zwischenräume verstopft. Die Drainage muß als äußerst wichtig bezeichnet werden, da die meisten Gebirgspflanzen sehr empfindlich auf stauende Nässe reagieren und nur dann wirklich gut gedeihen, wenn überschüssiges Wasser ungehindert ablaufen kann.

Natürlich kann man auf die Drainage verzichten, wenn uns glücklicherweise genügend Lochsteine zur Verfügung stehen. In so einem Fall müßten wir uns

Die echte Aurikel oder Gemsenblume darf in keiner Steinflur fehlen.

nicht ängstigen, da es infolge der geringen Erdmenge, die solche Löcher fassen, niemals zu Staunässe kommen kann. Im Gegenteil, es ist dabei anzuraten, für regelmäßige zusätzliche Wasserzufuhr zu sorgen, wenn es längere Zeit nicht regnet. Doch die Möglichkeit, solche Lochsteine zu haben, wird wegen der Seltenheit derartiger Steine und wegen der hohen Kosten nur wenigen vergönnt sein. Sollte aber der Unterbau der Terrasse für die geplante Anlage dienen, können wir jede Menge von Drainagematerial gebrauchen. Höchstwahrscheinlich wird der gesamte Aushub des Teiches hier sinnvoll verwendet werden können. Um Mißverständnissen vorzubeugen sei vermerkt, daß nur steiniger Grund für diese Zwecke Benutzung finden kann. Lehm, Ton oder ähnliche Materialien sind völlig unbrauchbar, da sie das überschüssige Wasser eher zurückhalten als ablaufen lassen würden.

Auch wenn wir die Anlage an eine Wand anlehnen, wird die gleiche Maßnahme erforderlich sein. Immer muß diese Unterlegungsschicht in der gleichen Schräge ausgeführt werden wie der Aufbau selbst, damit an keiner Stelle die Erdschicht höher

Steinbrecharten können große Blütensträuße entfalten.

liegt als nötig und es nirgends, auch nicht nach starken Regengüssen, zu einer Verschlammung kommen kann.

Diese Vorbereitungsarbeiten sind das allerwichtigste, was man beim Aufbau einer solchen Felslandschaft berücksichtigen sollte, schon allein aus dem Grund, weil wir später nichts mehr daran ändern können oder, wenn es sich gar nicht vermeiden läßt, nur unter größten Mühen. Das zukünftige Gedeihen der ganze Anlage hängt davon ab.

Wenn nicht genug Drainageuntergrund zur Verfügung steht, muß man solchen unter allen Umständen beschaffen. Ich möchte ausdrücklich davor warnen, daß irgend jemand glauben könnte, es ginge auch so. Natürlich lassen sich auch alte Ziegelsteine und Dachplatten und was auch immer dazu verwenden. Es kommt allein darauf an, daß jegliche Staunässe unmöglich gemacht wird.

Steine, gross und klein

Wie könnte es anders sein, Steine sind die Herzstücke dieses Biotops. Wir werden nie genug davon haben, und wenn wir bis jetzt noch nicht vorsorgten, wird es höchste Zeit, solche zu beschaffen. In einem früheren Kapitel wurde schon einmal ausführ-

Auch in einer Ritze zwischen zwei Plattenstreifen lassen sich Steinflurpflanzen ansiedeln.

In richtig gestalteten Steinfluranlagen wird immer etwas blühen.

lich darüber gesprochen und betont, daß man innerhalb des Gartens unbedenklich mehrere Arten von Gestein verwenden kann, doch im Rahmen einer Anlage sollte es immer dasselbe sein.

Der Idealfall, die Lochsteine der Schwäbischen Alb, wurde auch schon mehr als einmal erwähnt. Für ein geplantes Geröllfeld werden wir aber immer auf abgerundete Steine zurückgreifen, wofür sich Bachkiesel ganz besonders eignen. Sie dürfen allerdings niemals gleich groß sein, um jede Langeweile zu vermeiden. Auch jetzt wäre es günstig, ein solches Feld schräg ablaufen zu lassen, da sich dabei bessere gestalterische Möglichkeiten ergeben.

Doch nun soll der Hauptsteinaufbau zur Sprache kommen. Hier muß man natürlich erst recht jeder Gleichmäßigkeit aus dem Wege gehen. Wir errichten zunächst einmal an geeigneten Stellen einige Aufbauten mit größeren Steinen. Bitte blättern Sie noch einmal zu dem Kapitel „Steine" zurück, damit Sie sich ein besseres Bild von allem machen können, und beachten Sie die dort gegebenen Ratschläge.

Zwischen größeren Steinen verlegt man grundsätzlich kleinere, und dabei läßt man zunächst Plätze für geplante Pflanzstellen frei, die dann später nach Einbringen der Pflanzen und Ausfüllen mit Erde wiederum mit kleineren Steinen umgeben werden. Die Erde muß man natürlich reichlich bemessen und durch einmaliges kräftiges Angießen verteilen, damit sie später nicht allzusehr absackt und die Pflanzen mit der Hälfte ihrer Wurzeln im Freien stehen. Sollte dies doch einmal vorkommen, wird entsprechend nachgefüllt.

Unter Umständen ist dies mehrmals nötig, und in der ersten Zeit empfiehlt es sich, sehr sorgfältig darauf zu achten, damit nicht nach Einbruch des Winters Wurzeln offenliegen und die Pflanzen erfrieren.

Nur auf eine andere Möglichkeit soll ausdrücklich hingewiesen werden. Man kann einen solchen Aufbau auch sehr großzügig aus Plattengestein gestalten und dabei die sich zwischen den Platten ergebenden Zwischenräume bepflanzen. Es wäre dies ein ähnlicher Vorgang wie bei der Trockenmauer und kann in dem entsprechenden Kapitel nachgelesen werden. Es versteht sich von selbst, daß wir hier die Platten treppenförmig anbringen. Zwar wurde dies auch schon einmal gesagt, doch wegen der Wichtigkeit will ich es noch einmal ausdrücklich betonen: Die Platten müssen grundsätzlich mit einer leichten, kaum sichtbaren Schräge nach hinten verlegt werden, damit kein Regenwasser ungenutzt abläuft.

Weiterhin sollte der Vollständigkeit halber erwähnt werden: Auch hinter der Plattenschichtung muß eine Drainageschicht liegen.

Die Erde muss locker und durchlässig sein

Über die Erde haben wir auch schon in einem früheren Kapitel gesprochen. Doch die Gebirgspflanzen sind allesamt Spezialisten und können mit nährstoffreichem Substrat bestenfalls zu Tode gepflegt werden. Je nährstoffärmer und lockerer die Erde vorliegt, desto wohler werden sie sich fühlen.

Ich selbst habe die beste Erfahrung mit einer Mischung aus Magerkompost, Torfmull und Quarzsand gemacht, und gelegentlich kann sich eine ganz geringe Beimischung von Lehm günstig auswirken. Wenn letzteres nötig sein sollte, wird ausdrücklich darauf hingewiesen.

Besonders zu berücksichtigen ist die Tatsache, daß manche Pflanzen nicht einmal mit ihrer Wurzelachse in voller Erde stehen wollen. Sie ziehen es vor, wenn nur die Wurzeln selbst von Erde bedeckt sind, wobei ihre Blattunterseiten lieber auf feinem Geröll liegen.

Wenn sich auch das erforderliche Substrat in den meisten Fällen annähernd gleicht, so sind die Ansprüche dennoch recht verschieden, die unsere Felsenpflanzen an uns stellen. Die einen verlangen nach praller Sonne, andere bevorzugen einen halbschattigen Standort, und wieder andere lieben nahezu völligen Schatten. Deshalb wird man nicht umhin können, die Kulturanweisungen genau zu beachten,

o: Viele Rosetten sind so dekorativ, daß sie selbst ohne Blüte zur Geltung kommen.

u: Unter den Hauswurzarten gibt es auch rote Rosetten.

bevor man damit beginnt, diesen Pflanzen ihre endgültigen Plätze zuzuweisen.

Diese Aufgabe wird uns insofern erleichtert, als oft ganze Pflanzengruppen dieselben Ansprüche stellen, und man kann schon oft am Namen erkennen, welcher Standort ihnen behagen wird.

Meist kann man es ermöglichen, das vorbereitete Gelände in verschiedene Abschnitte einzuteilen und die dafür vorgesehenen Pflanzen nach den dabei ermittelten Gesichtspunkten zu erwerben. Leider muß jedoch gesagt werden, daß diese Gebirgsgewächse zum Sammeln verleiten und man sich häufig zu größeren Einkäufen veranlaßt sieht, als man ursprünglich vorhatte.

Das Angebot ist unendlich umfangreich, und wer die Wahl hat, muß auch die Qual auf sich nehmen.

Eines machen solche Pflanzen uns jedoch leicht. Ihre Ansprüche an das Bodensubstrat sind in fast allen normalen Fällen die gleichen.

Mit der oben beschriebenen Erdmischung wird es uns nicht schwerfallen, die Grundbedingungen ausreichend zu erfüllen, und wir dürfen als Lohn mit freudigem Wachstum und farbenfrohen Blüten rechnen.

UNTEN KÖNNEN FEUCHTSTELLEN ANGELEGT WERDEN

Ich habe oben die Möglichkeit eines kleines Bachlaufes erwähnt. Näher wollte ich nicht darauf eingehen, weil so etwas doch immerhin ziemlich aufwendig und auch kostspielig sein wird. Freilich wäre es trotz allem die reizvollste Lösung, doch wenn es auf Schwierigkeiten stößt, bleibt immerhin noch die Versenkung eines oder mehrerer kleiner Eternittröge am Fuße unseres Steinflurbiotops.

Man wird dies allerdings immer nur ganz unten vornehmen, denn inmitten der Anlage kann es schwer verwirklicht werden, ohne kitschig zu wirken. Die Ränder des Troges kaschieren wir mit Steinen, und in das Wasser kommt eine Zwergseerose mit daumennagelgroßen Blüten. Da so ein Trog stets etwas Feuchtigkeit an seine Umgebung abgibt, bietet es sich an, für seine unmittelbare Nachbarschaft einige Gewächse zu wählen, die einen frischeren Untergrund vorziehen. Besonders denke ich dabei an einige Enziane, die mit ihrem meist leuchtenden Blau eine Zierde für die ganze Anlage bilden.

Es fällt ohnehin nicht schwer, in der untersten Etage sozusagen feuchte Stellen anzulegen, die beispielsweise mit zarten Wollgräsern bestückt werden können. Auch einige Primeln lieben etwas mehr Wasser und würden sich dabei sicher wohlfühlen. Man muß lediglich einen ausgehobenen Streifen mit Folie unterlegen, diese mit Erde auffüllen und braucht sich dann um nichts weiter zu kümmern. Der so vorbereitete Platz wird immer das Wasser länger halten, und nur in ausgedehnten Trockenperioden ist man gezwungen, gelegentlich etwas nachzugießen. Diese kleine Mühe kann man auf sich nehmen.

Ich selbst bin ein ausgesprochener Fan von Wasserstellen und würde gerne noch mehrere einrichten, als ich ohnehin schon habe. Wasser wirkt auf das Leben geradezu wie ein Magnet und zieht alles mögli-

Rot und Weiß bewirken immer einen lebhaften Kontrast.

Nach einigen Jahren neigen Rosettenpflanzen dazu, ineinander zu wachsen. Jetzt ist es Zeit, mit ordnender Hand einzugreifen.

che an, mit dem man normalerweise gar nicht rechnen würde. Ist es nicht verwunderlich, wenn eine Edellibelle ihre Eier in einem höchstens 20 Liter fassenden Trog ablegt, obwohl ihr weitaus größere Teiche zur freien Verfügung stehen? Auch Molche scheinen sich in solch kleinen Pfützen wohlzufühlen und verbringen häufig Monate darin, bevor sie sich endgültig gegen Ende des Sommers unter Steine und Wurzeln zurückziehen. Wenn so ein Trog nicht der vollen Sonne ausgesetzt bleibt, dann können wir sogar darauf hoffen, daß sich Unken ansiedeln, jene kleinen Lurche, deren Ruf dem Klang von silbernen Glöckchen ähnelt.

Es gibt so viele Gelegenheiten, und warum sollte ausgerechnet unser Steinbiotop frei davon sein? Ich glaube, Ihnen garantieren zu können, daß jede Wasserstelle, und sei sie auch noch so klein, das Leben in Ihrem Wohnbiotop bereichern wird, häufig in stärkerem Maße, als Sie es je erwartet hätten.

Möglichkeiten für Mini-Steinfluren

Sollten Sie in Ihrem Garten absolut keinen Platz für eine Steinanlage finden, so brauchen Sie dennoch nicht gänzlich darauf zu verzichten. Irgendwo wird es schon eine geeignete Stelle geben, die Ihnen die Chance bietet, wenigstens einen oder auch mehrere Kästen unterzubringen. Man möchte es nicht glauben, wie viele dieser oft sehr kleinen Pflanzen so kultiviert werden können. Ich denke dabei hauptsächlich an besonders niedliche Hauswurz- und Steinbrecharten, die dort häufig oft noch besser gedeihen als in einer ganzen Anlage. Zudem sieht ein derartiger Trog sehr hübsch aus und kann zu einem wahren Schmuckstück werden.

Am billigsten sind für solche Zwecke natürlich Eternit-Behälter. Sie haben allerdings den Nachteil, daß sie niemals im Aussehen mit einem Natursteintrog konkurrieren können. Ich würde zumindest Kunststeinkästen vorziehen, die heute schon so vorzüglich gefertigt werden, daß sie auf den ersten Blick kaum von Naturstein zu unterscheiden sind. Auch Holz käme schließlich noch für diese Zwecke in Frage, vornehmlich Behälter, die aus Rundhölzern gezimmert wurden. Wenn sie entsprechend imprägniert geliefert werden, braucht man sich wegen der Haltbarkeit keine größeren Sorgen zu machen. Natursteintröge sind zweifellos die allerschönsten, doch sie lassen sich ihre Schönheit auch recht hoch bezahlen.

Die Wahl liegt nunmehr bei Ihnen. Ich kann nur kurz erklären, wie Sie vorgehen müssen, damit die Felsenpflanzen auch gut gedeihen. Zunächst sollte der Platz, je nachdem was Sie pflegen wollen, sonnig oder halbschattig sein. Beides in einem Trog zu vereinen, dürfte auf Schwierigkeiten stoßen. An einer sonnigen Stelle empfehle ich Dickblattgewächse, und im Halbschatten werden sich Steinbrecharten gut entwickeln. Lassen Sie sich aber immer die Garantie geben, daß es sich um kleinwüchsige und nicht wuchernde Arten handelt.

Zunächst sollten Sie einmal überprüfen, ob der Trog am Boden eine Abflußvorrichtung hat. Andernfalls müssen Sie sich selbst eine oder gar mehrere hineinbohren. Bei Eternit, Kunststein oder vornehmlich Holz dürfte das nicht allzu schwierig sein, bei Naturstein jedoch beauftragen Sie lieber einen Steinmetz. Dann kommt dasselbe, wie wir es auch über Steinflur-Anlagen gelesen haben. Erst einmal werden mindestens zwei Drittel des Inhalts mit einer Drainageschicht gefüllt. Darauf plaziert man einige größere Steine und fixiert sie schließlich mit kleineren, und jetzt erst folgt die Erdmischung, die der unserer Freiland-Anlage entspricht. Steine verschiedenster Größe werden nun zu einem Aufbau zusammengefügt, der wenigstens in der Mitte und an einigen Stellen des Randes über den Kasten hinausreicht. Dann können die Pflanzen eingesetzt werden.

Solche Behälter, die einen ganz besonderen Reiz ausstrahlen, können wir unschwer auf der Terrasse unterbringen und gegebenenfalls auch auf dem Balkon. Gerade die letztere Möglichkeit bringt selbst denjenigen, die keinen Garten besitzen, die Chance, ein winzig kleines Stückchen Natur um sich zu haben.

Die Blüten der Hauswurzarten können gelb, weiß oder rötlich erscheinen.

Der Waldrand

Dieser Lebensraum zeigt sich derartig komplex, daß es unmöglich erscheint, ihn in einen Rahmen zu zwängen. Der Wald ist die Grundlandschaft unserer Heimat, und noch vor wenigen Jahrhunderten waren große Flächen mit solchen Pflanzengesellschaften bedeckt. Heute müssen wir zusammenhängende Waldgebiete suchen, und nur der Bayerische Wald hat sich einiges von seiner Ursprünglichkeit bewahrt. Hier können wir sogar noch richtige Urwaldpartien finden, die unter Naturschutz stehen und in denen nichts vom Menschen verändert wird. Früher lebten dort Wisent und Auerochse, Luchs, Wolf und Bär streiften umher, von der übrigen Tierwelt gar nicht zu reden, die hier eine geradezu paradiesische Umgebung fand.

Die Bodenflora des Waldes war natürlich immer schon relativ armselig, da Belaubung und Benadelung kaum Licht durchdringen ließen, und nur im zeitigen Frühjahr, wenn die Bäume noch nicht beblättert waren, bot sich Platz für zahlreiche Blumen, die sich aber sehr beeilen mußten, mit Blüte und Frucht fertig zu wer-

Der Waldrand bietet Platz für viele Blüten.

den, bevor der Austrieb begann. Dazu war aber schon damals ein natürlicher Mischwald nötig. Am Boden der künstlichen Fichtenwälder unserer Zeit gedeiht so gut wie gar nichts.

Gänzlich andere Verhältnisse trifft man an den Stellen an, wo der Wald in freie Landschaft übergeht, an den Rändern also, wobei offene Plätze innerhalb einer Waldgesellschaft, Waldwiesen also, hinzugerechnet werden müssen. Der Botaniker wird hier niemals alles über einen Kamm scheren, er spricht von Buchenwaldflora oder von anderen charakteristischen Vegetationen und unterscheidet hier streng zwischen den einzelnen Lebensgemeinschaften.

So weit können wir natürlich in unseren Gärten nicht gehen, und wenn ich hier von einem Waldrandbiotop spreche, so beziehe ich hier alles mit ein, was unter Sträuchern und Bäumen und auch im unmittelbaren Raum davor geeignete Bedingungen findet. Dabei dürfen wir nicht päpstlicher als der Papst sein und müssen ein Leberblümchen auch vor einem japanischen Ahorn wachsen lassen, obwohl es ursprünglich nur in den Buchenwald gehört. Es handelt sich bei uns in jedem Fall um einen recht künstlichen Biotop, den wir mehr mit ästhetischem Blick sehen müssen als mit botanischer Exaktheit.

Andererseits können wir uns hier so richtig austoben und das Schönste zusammentragen, was Spezialgärtnereien bieten. Auch mit den Gehölzen sind wir nicht nur auf die Kinder der heimischen Flora angewiesen. Einer Amsel ist es ziemlich gleichgültig, ob sie in einem Wacholder oder in einem Rhododendron brütet. Es muß nur ein geeigneter Platz sein.

Hier ergibt sich die Gelegenheit, vor einigen einheimischen Bäumen geradezu zu warnen. Ich denke hier besonders an Ahorn und Buche, die durch ihre freudig keimende Saat geradezu lästig werden können. Auch Fichte und Birke gehören dazu, weil sie durch ihr flaches, weitreichendes Wurzelsystem alles unterdrücken, was in ihrer Umgebung wachsen will.

Gerade mein Urteil über die letztere gebe ich nur schweren Herzens ab, weil ich Birken über alles liebe. Gottlob gibt es auch kleinere Arten, die nicht soviel Platz in Anspruch nehmen und auf welche wir jederzeit zurückgreifen können, wenn wir diese dekorativen Bäume nicht missen wollen.

Wenn nun auf unserem Areal schon solche Bäume stehen, wollen wir nach Möglichkeit vermeiden, diese zu entfernen, und müssen uns einfach darauf einrichten, mit ihnen zu leben. Einen Baum zu fällen kann man nur in den wenigsten Fällen verantworten, und wir sollten zumindest lange darüber nachdenken, bis wir zur Tat schreiten.

Bei einer Planung ziehen wir die Laubbäume den Koniferen vor. Nadelbäume machen zwar wesentlich weniger Arbeit,

Hier steht ein gelb blühender Rhododendron vor einer japanischen Lärche.

doch dem Laubholz kommt die größere biologische Bedeutung zu. Der herbstliche Laubfall mag lästig sein, beschert uns aber vorzügliches Kompostmaterial, und wenn man einen Teil unter Bäumen und Sträuchern liegen läßt, bieten wir einer Unzahl von Kleinorganismen Lebensraum, unter anderem auch dem so beliebten Glühwürmchen, das in warmen Juninächten mit seinen Leuchtorganen den Geschlechtspartner anlockt.

Weiterhin nützen Laubbäume vielen offenbrütenden Vogelarten als Nistplätze, während Koniferen im allgemeinen von solchen bevorzugt werden, die nur selten in unsere Gärten kommen. Außerdem dienen die Knospen der Laubgehölze den meisten Vögeln als willkommene Zusatznahrung, und solche Leckerbissen wollen wir ihnen schließlich auch gerne gönnen.

Abschließend soll erwähnt werden, daß Laubbäume nie allzu nahe an Koniferen gepflanzt werden sollen. Sie selbst dürfen in Gruppen stehen, selten werden sie sich so bedrängen, daß einer den anderen erstickt. Wenn aber solche Bäume in Nadelholz hineinwachsen, zieht dieses bald den kürzeren.

Daraus ergibt sich, daß auch Sträucher in zusammen passenden Gruppen gepflanzt werden sollen, ohne daß sie zwergwüchsige Nadelgehölze beeinträchtigen.

Leider werden nur solche Gartenfreunde diese Ratschläge beachten können, die in der glückliche Lage sind, über ein kahles Wiesengrundstück zu verfügen. In allen anderen Fällen müssen wir uns eben kompromißbereit zeigen. Dieses Thema wurde schon einmal in einem früheren Kapitel gestreift. Der großen Wichtigkeit wegen halte ich jedoch eine etwas ausführlichere Wiederholung für angebracht.

ENDLICH IST LICHTER SCHATTEN GEFRAGT

Zur Gestaltung unseres Waldrand-Biotops sind wir endlich einmal nicht auf eine vollsonnige Lage angewiesen. Alles, was hier gepflegt wird, wäre auch gar nicht glücklich darüber, denn eine zumindest zeitweise leichte Überschattung ist den dort anzusiedelnden Pflanzen nicht nur angenehm, sondern geradezu ein Bedürfnis. Doch nicht nur das, wir werden sogar Gewächse finden, die sich auch mit vollschattigen Plätzen zufriedengeben.

Bisher war es wirklich schwierig, denn soviel Sonne, wie von uns ständig verlangt wurde, hat kaum ein Garten zu bieten. So mußten wir uns stets mit Zugeständnissen abplagen, und die immer bohrende Frage: „Ist der Platz auch sonnig genug?“, kann man bei unseren diesmaligen Überlegungen getrost vergessen.

Dabei stehen jetzt sogar mit die schönsten Gewächse, die uns die Flora schenken kann, zur Debatte. Wir brauchen nur an die zauberhaften Pflanzen zu denken, die uns der Buchenwald zu bieten hat: Leberblümchen, Maiglöckchen, Lerchensporn, um nur einige zu nennen, und dazu den Seidelbast, ganz zu schweigen von dem geheimnisvollen Salomonssiegel und der merkwürdigen Einbeere.

Das schier unendliche Heer dekorativer Farne steht uns jetzt zur Verfügung und ist durchaus in der Lage, einen Hauch von „Urwelt“ in unseren Garten zu bringen. Es

Die Pflanzstelle vor dieser Birkengruppe ist mit Folie abgetrennt, weil das gierige Wurzelgeflecht dieser Bäume sonst nichts aufkommen ließe.

gibt hier große und kleine, zarte und robuste, und es wird uns schließlich die Wahl Kummer bereiten, für welche man sich entscheiden soll.

Weiterhin möchte ich Ihre Gedanken auf die Alpenveilchen lenken, die auch in diesen Biotop passen und von denen uns Arten zur Verfügung stehen, die schon im ausgehenden Winter aus dem Schnee heraus blühen, bis zu solchen, deren Blüten sich im Spätsommer entfalten und erst den beginnenden Frösten weichen.

Schließlich müssen wir auch die unzähligen Blumenzwiebeln in unsere Überlegungen mit einbeziehen. Winterlinge, Schneeglöckchen, Frühlingsknotenblumen, und was es alles noch geben mag, bevorzugen diesen vielseitigen Biotop, und alle bisher genannten Pflanzen lieben den Halbschatten, der uns sonst immer Probleme bereitete.

Ganz zuletzt möchte ich noch von einer satten Grünfläche sprechen, vom Bärenfellschwingel, dessen Heimat in den Pyrenäen liegt.

Dieses Gras zeigt sich dicht und ist doch so locker, daß es alle Gewächse durchläßt. Es fühlt sich borstig an, wächst buckelartig und breitet sich in umfangreichen Matten aus. Wir können es unter die meisten Bäume und Sträucher pflanzen und erhalten so einen ununterbrochenen grünen Randstreifen, dessen Eignung als Rasenersatz nicht angezweifelt werden kann. Wo er einmal in andere Anlagen hineinwächst, läßt er sich leicht durch Abschneiden im Zaume halten, und zudem zeigt er keine Tendenz, sich durch Aussaat unmäßig zu vermehren. Können wir überhaupt noch etwas Besseres finden?

Und das schönste von allem ist eben die Tatsache, daß auch er den Halbschatten liebt.

Lockerer, humoser Boden

Natürlich muß auch hier wieder der lockere, humose Boden Erwähnung finden, der uns die ganze Zeit über begleitet hat. Also greifen wir zur Schaufel und graben einen Streifen aus, welcher der von uns gewünschten Breite entspricht. Für Bäume und Sträucher sollte man mindestens die Tiefe des Wurzelballens bieten, und für die Zone davor reichen etwa 20 cm. Bei steinigem oder sandigem Untergrund genügt dies vollkommen, und nur bei lehmigen Böden müssen wir prüfen, ob eine Drainageschicht nötig wird. Staunässe können einfach nur die wenigsten Pflanzen vertragen und schon gar nicht die Blumenzwiebeln, die wir hier anzusiedeln beabsichtigen.

Dann füllen wir die vorher zubereitete Erde auf, für die eventuell Mutterhumus unter Beimischung von Rindenmull verwendet werden kann. An Stelle von ursprünglichem Humus kann man auch auf Magerkompost zurückgreifen.

Einen Blickfang am Waldrand bilden die Blüten des Diptam.

Leider muß immer wieder von den Erdzubereitungen gesprochen werden, und ich fürchte schon, daß Sie langsam die Lust verlieren. Ich gebe unumwunden zu: So ein Garten, wie wir ihn planen, bedarf äußerst sorgfältiger Vorbereitungen, die nicht nur Mühe mit sich bringen, sondern auch erheblich den Geldbeutel strapazieren. Doch schließlich muß die Anlage ja nicht von heute auf morgen vollendet sein. Wir können uns jahrelang Zeit dazu lassen und so lange immer wieder ein neues Stück anlegen, bis es endlich möglich wird, auf ein gelungenes Werk zu blicken. Glauben Sie bitte nicht, ich hätte so etwas in einem Zuge zuwege gebracht. Ich habe Jahre, wenn nicht gar Jahrzehnte gebraucht, und da meine Ideen zu dieser Zeit weitgehend neu waren, konnte ich mich nicht beraten lassen, und dabei wurden kostspielige Fehler nicht vermieden. Heute ist dies ganz anders. Ich wüßte von vornherein, was ich erreichen will und wie ich dies anpacken muß. Doch leider bietet sich mir keine Gelegenheit mehr dazu. Mein Grundstück ist bis zum letzten Fleck ausgenützt, und was darin nach meiner Vorstellung noch fehlt, das werde ich aller Voraussicht nach auch nicht mehr bekommen.

GROSSE BÄUME ODER KLEINERE STRÄUCHER

Wie schon aus dem Gesagten hervorgeht, stelle ich mir die Anlage eines Wohnbiotops so vor, daß die Mitte für die verschiedensten Biotope Verwendung findet und der Grenzbereich dem Waldrand vorbehalten bleibt. Darin würde ich die ideale Aufteilung sehen, bei der kein Platz vergeudet wird und alles seine Bestimmung in bester Weise erhält. Es ergibt sich auch daraus, daß in der Mitte keine größeren Sträucher oder gar Bäume stehen sollen, damit der Blick unbehindert überall hinführen kann.

Jetzt ist es an der Zeit, sich zu überlegen, wie die geplanten Gehölze untergebracht werden sollen. Eines ist dabei besonders wichtig. Bäume, die in die Höhe wachsen, dürfen niemals an der Südgrenze stehen, sondern werden zwischen Nordwesten und Osten plaziert. Der Südrand dient zur Aufnahme von Sträuchern, die nur so hoch werden, daß sie den Einfall der Sonne höchstens im Winter behindern. Dabei wäre anzuraten, so viele dornige Gewächse wie nur irgendwie möglich zu pflanzen, weil sich dadurch eine Unzahl von Nistplätzen für Vögel ergeben. Unsere gefiederten Freunde lieben derartige Sträucher sehr, weil sie sich darin sicher vor wildernden Katzen fühlen. Ich denke hier an Weißdorn, Rotdorn, Schlehen, Wildrosen, Sanddorn und ähnliches. Der Zierwert solcher Pflanzen läßt auch nichts zu wünschen übrig, da sie während der Blütezeit prachtvoll aussehen und zusätzlich mit ihren Früchten den Vögeln willkommene Nahrung bieten.

Auch große Bäume lassen sich versetzen, wenn man genügend kräftige Leute zur Verfügung hat.

Natürlich muß man hierbei nicht übertreiben und eine totale Dornenhecke schaffen. Es empfiehlt sich, dazwischen Gehölze mit schöner Herbstfärbung zu pflanzen, wie *Parrotia,* den Papageienstrauch, und den Amberbaum, *Liquidambar,* deren herbstlich bunte Farbenpracht ihresgleichen sucht. Eine weitere Bereicherung finden wir in dem strauchförmigen japanischen Ahorn, dessen rote Belaubung im Herbst mit den beiden anderen wetteifert. Auch das Pfaffenhütchen mit seinen reizvollen karminroten Früchten hat dort seinen Platz verdient.

Ich könnte lange damit fortfahren, dekorative Sträucher aufzuzählen, deren Verwendung hier anzuraten wäre, möchte aber davon absehen und noch einmal eindringlich darauf hinweisen, daß wir nichts Besseres für unsere bedrohte Vogelwelt tun können, als ihr dornige Nistplätze zur Verfügung zu stellen. Schönheit und Zweckmäßigkeit miteinander zu paaren dürfte dem höchsten Ziel schon sehr nahe kommen, und der aktive Vogelschutz gehört eben auch dazu. Die Bereicherung, die unser Wohnbiotop dadurch erfährt, ist kaum mit Worten auszudrücken.

Doch nun noch ein paar Worte zu den größer werdenden Bäumen, die grundsätzlich nur an der Grundstücksgrenze von Nordwesten bis nahe gegen Osten gepflanzt werden sollten. Natürlich muß man darauf achten, daß nicht dem Nachbarn alles Licht weggenommen wird, wenn diese Bäume einmal größer werden. Informieren Sie sich deshalb genau über die mögliche Höhe, und rechnen Sie sich dann aus, wie sich die Lage in einigen Jahrzehnten verändert. Allerdings gibt es auch solche, die niemals stören, wie beispielsweise die serbische Fichte, deren schlanker Wuchs zu keiner ernsthaften Beeinträchtigung führt, oder die Lärche, die einerseits im Winter abnadelt und andererseits im Sommer immer so locker bleibt, daß sie nie wirklich tiefen Schatten bringt. Dasselbe gilt auch für *Metasequoia,* den Urwelt-Mammutbaum, sowie die Tränenkiefer, *Pinus griffithii.* Diese Bäume werden zu keiner Zeit als unangenehm empfunden werden, ebenso wie der Ginkgo, der vielleicht einmal in hundert Jahren breit und mächtig wird.

Bei den größeren Laubbäumen muß man ohnehin vorsichtig sein, da der herbstliche Laubfall den Nachbarn ärgern könnte. Wenn ich zwar sonst Laubbäume wegen ihres biologischen Wertes sehr empfehle, muß ich grundsätzlich dazu raten, mit diesem vorher zu sprechen und dann den Platz gemeinsam festzulegen. So geht man späteren Schwierigkeiten aus dem Wege. Von Glück können Sie reden, wenn ihre Nordgrenze von der Straße gebildet wird, denn dann können Sie nach Lust und Laune alles pflanzen, was Ihnen vorschwebt.

FARNE BRAUCHEN VIEL WASSER

Im Zuge der Gestaltung des Waldrand-Biotops spielen die Farne eine herausragende Rolle. Es ist für mich unvorstellbar, daß irgend jemand bereit wäre, auf solche Sporenpflanzen völlig zu verzichten.

Urtümliche Farne verleihen dem Waldrand eine besondere Note.

Diese urtümlichen Gewächse gehören einfach in jeden Garten, und wenn ich Ihnen sage, daß ich mehr als zwanzig verschiedene Arten pflege, dann ist dies bestimmt nicht übertrieben. Farne zählen zu den ältesten Pflanzen überhaupt, und schon vor 300 Millionen Jahren gab es auf unserem Planeten ausgedehnte Farnwälder. Diesen Hauch von Urwelt wollen wir natürlich auch um uns spüren.

Derartige Naturgewächse sind auch alles andere als anspruchsvoll. Sie können ungeschützt der Sonne ausgesetzt sein, brauchen aber dann besonders viel Wasser. Dasselbe gilt ebenso für tiefen Schatten. Nur im Halbschatten sind sie mit einem einigermaßen frischen Boden zufrieden. Absolute Trockenheit vertragen sie allerdings niemals.

Doch werden wir innerhalb unseres Waldrandes bestimmt einige geeignete Plätze finden, zumindest einen für den Frauenhaarfarn, der als der schönste unserer heimischen Flora gilt. Man kann von einem sich jährlich wiederholenden Erlebnis sprechen, wenn man im Frühjahr die sprossenden Bischofsstäbe sieht, die sich dann langsam zu breiten Wedeln entfalten und schließlich einen umfangreichen Trichter bilden. Die Unterseiten dieser Wedel enthalten die der Fortpflanzung dienenden Sporenbehälter. Eine unmäßige Aussaat ist jedoch niemals zu befürchten. Vor dem an sich sehr dekorativ wirkenden Adlerfarn muß allerdings leider gewarnt werden, weil er dazu neigt, sich wuchernd zu verbreiten und dabei lästig werden kann, zumal er durch seine Größe viel Platz fordert.

Im Frühling ist der Waldrand am schönsten

Jede Jahreszeit hat ihre besonderen Schönheiten. Wenn sich der Winter endlich seinem Ende zuneigt, wird unsere Gier nach bunten Blüten schier unstillbar. Nach der langen Eintönigkeit sehnt man sich nach

Im späten Frühling blüht das große Windröschen.

Zu den attraktivsten Sommerblühern zählt der rote Fingerhut.

Farbe, und jetzt werden wir sicher täglich unseren Waldrand aufsuchen und mit aufmerksamen Blicken nach den ersten Anzeichen des beginnenden Frühjahrs suchen. Nichts freut uns mehr, als das erste aus dem letzten Schnee herausragende Alpenveilchen, das mit den Schneeglöckchen wetteifert, und bald werden auch die Winterlinge ihre gelbe Blütenpracht entfalten. Der Seidelbast hat schon oft im Dezember seine Knospen angesetzt und wartet nur noch auf die ersten wärmeren Tage, um sie endgültig zu öffnen.

Jetzt geht es Schlag auf Schlag, und täglich bietet uns der Waldrand Neuigkeiten. Gerade im Frühling zeigt er sich von seiner besten Seite. Bald werden auch die ersten Bienen erscheinen, und während sich der Teich langsam von den Resten seiner Eisdecke befreit, herrscht hier schon reges Leben. Freilich dauert es noch eine Weile, bis die Knospen der Sträucher aufgehen und der Bärenfellschwingel das winterliche Braun mit frischem Grün überdeckt. Doch der nun anhebende Gesang der Vögel, die damit ihre Partnerin anlocken und schon eifrig beginnen, Nistkästen zu inspizieren und Material für ihre Nester zu sammeln, läßt uns hoffen, daß die schöne Zeit nicht mehr fern ist. Es steht uns wieder ein Gartenjahr bevor, in dem unser Wohnbiotop täglich ein neues Gesicht zeigen wird.

Wenn sich auch speziell an unserem Waldrand jetzt das erste Leben regt, so soll nicht vergessen werden zu erwähnen, daß auch die anderen Jahreszeiten in diesem Biotop Überraschungen für uns bereithalten. Bald werden die Sträucher blühen, und im Spätfrühling erfreuen uns besonders die Türkenbunde durch ihren turbanartigen Blütenschmuck. Vor allem der Herbst aber bietet nochmals letzte Höhepunkte. Jetzt kommt die Zeit des bunten Laubes und der farbigen Früchte. Gerade den Waldrand kann man besonders geschickt gestalten, so daß er in keiner Jahreszeit langweilig wirkt. Selbst im Winter bietet die Beobachtung der Vögel, die sich an den Früchten der Sträucher gütlich tun, immer wieder die Möglichkeit zu erkennen, wie sehr wir durch unser Wohnbiotop bereichert sind.

Auch der Türkenbund kann an unserem Waldrand eine bleibende Heimat finden.

Pflege

Die Anlage ist nun erstellt. Die letzten Pflanzen haben ihren Platz erhalten und sind entsprechend angegossen worden. Einige Wochen lang ist nun Ruhe angesagt, und wir müssen nur dafür Sorge tragen, daß jederzeit genug Wasser zur Verfügung steht, damit das Anwachsen nicht gefährdet wird. Darüber hinaus gibt es im Moment nichts zu tun.

Leider bleibt das nicht immer so. Falls wir nicht vorsichtshalber zunächst jedes Stück freier Erde mit feinem Torfmull und noch besser mit Fichtennadeln abgedeckt haben, wird sich bald ein grüner Schimmer zeigen. Dieser rührt von keimenden Unkräutern her. Es wird nicht nötig sein, sich darüber Sorgen zu machen, und wir brauchen auch nicht allzu viel dagegen zu unternehmen.

Das Problem kann man mit einer Gartenkralle unschwer bewältigen. Die Sämlinge müssen dabei mit der Wurzel herausgehoben werden, und dann kann man sie einfach liegenlassen. Sie verrotten sehr schnell, und es gilt nun lediglich, auf den nächsten Anflug zu warten. Bis dahin vergeht nicht viel Zeit, und es wird wieder auf die gleiche Weise dagegen vorgegangen. Langsam mit dem fortschreitenden Jahr läßt dann die Keimung nach, und auf uns kommen vorerst keine weiteren erwähnenswerten Arbeiten zu.

Jetzt wird erneut die freie Erde mit Waldstreu zugedeckt, und wir können in Ruhe dem Winter entgegensehen. Sofern von Haus aus die vorgeschlagene Abdeckung vorgenommen wurde, können wir uns sogar größtenteils die Tätigkeit mit der Gartenkralle ersparen.

An Hand dieses einfachen Beispiels ersieht man, daß bei richtiger Vorbereitung ein großer Teil der sonst anfallenden Ar-

Ein buntes Bild bieten die ersten Vorfrühlingsblüten.

Gelb und Violett passen besonders gut zusammen.

beiten vergessen werden kann. Die Mühe, sich Waldstreu zu besorgen, wird in Anbetracht dieser Tatsache als gering bezeichnet. Je dicker man diese Streu aufträgt, desto weniger kann unerwünschter Samenanflug keimen und es bleibt dementsprechend weniger zu tun. Nur vereinzelte Unkräuter werden durchkommen, und die können dann ohne weiteres mit der Hand herausgezogen werden. Dies kann bei der von uns vorbereiteten lockeren Erde kaum mehr als eigentliche Arbeit bezeichnet werden. So läßt sich durch regelmäßige Aufstreuung schon sehr viel gegen Unkrautanflug tun, und damit wäre eines der Hauptprobleme gelöst und braucht uns auch nicht weiter zu beunruhigen. Sie können sogar gleich zwei Fliegen mit einer Klappe schlagen.

Außer der Unterdrückung des Unkrautes ergibt sich ein weiterer Vorteil, nämlich der, daß die abgedeckte Erde niemals der freien Sonneneinstrahlung ausgesetzt bleibt und damit sich sehr viel mehr Bodenorganismen entwickeln können, als das sonst der Fall wäre. Weiterhin wird durch die ständige Verrottung der Boden laufend mit Magerkompost versorgt, eine Tatsache, die nicht gering gewertet werden darf.

Natürlich wird diese Streumethode nur auf wirklich freier Erde durchgeführt. Die Steinflur-Anlage muß man auf andere

Weise behandeln. Hier erfüllen die aufgeschütteten Steine denselben Zweck, und es erscheint eigentlich überflüssig, dies besonders zu betonen. Der Unkrautanflug kann hier auch niemals so stark sein, sollte aber trotzdem einer laufenden Kontrolle unterliegen, da es zwischen den Steinen oft nicht ganz leicht ist, unerwünschte Pflanzen mitsamt der Wurzel zu entfernen, wenn sie sich einmal fest etabliert haben.

Als Ausgleich dafür gibt es das Problem mit dem Lebermoos. Es ist dies eine recht unangenehme Pflanze, die sich überall einschleicht, wo der Boden hinreichend feucht ist, vor allem wenn er nicht den ganzen Tag über der freien Sonne ausgesetzt bleibt. Anfangs wirken die etwas fleischigen graugrünen Blättchen recht anmutig, und zu meiner Schande sei gestanden, ich freute mich zunächst einmal darüber, so etwas in meinem Garten wachsen zu sehen. Doch diese Begeisterung währte nicht lange. Bald sah ich meine Enzianpolster immer kleiner werden, und auch die Rosettenpflanzen der Steinflur litten offensichtlich Schaden. Schließlich fand ich heraus, daß dieses Lebermoos all diese zarten Pflanzen geradezu erstickt. Seitdem begann ich, das Moos zu verfolgen und mit einer Pinzette vorsichtig die Polster zu befreien. Dabei ist natürlich größte Aufmerksamkeit erforderlich, damit die Pflan-

Zwergnarzissen blühen im späten Frühling.

Der dunkle Hintergrund bildet eine wirkungsvolle Kulisse zu gelben Winterlingen und zartlila Krokussen.

zen durch diese Maßnahme nicht beeinträchtigt werden. Neben der Steinflur ist auch die feuchte Wiese besonders gefährdet. Laufende Überwachung ist unbedingt nötig, vor allem nach längeren Regenperioden, weil diese lästigen Eindringlinge dann besonders stark zu treiben beginnen.

Dasselbe gilt für das sternchenblütige Mastkraut, *Sagina,* das ebenso unter die Polster kriecht und diese Pflanzen in gleicher Weise bedrängt. Seien Sie deshalb in dieser Hinsicht nie nachlässig, und beobachten Sie die bedrohten Gewächse regelmäßig.

Nach dieser langen Einleitung über das Unkraut haben wir bereits das Hauptproblem der ständigen Pflege besprochen, das Problem also, das Ihnen sicher die meiste Sorge bereitet hat. Sie haben sich vermutlich vorgestellt, Ihr Wohnbiotop genießen zu können, ohne der Sklave Ihres Gartens zu sein.

Dies ist auch durchaus möglich. Ich habe einmal ausgerechnet, daß ich während der warmen Jahreszeit im Durchschnitt täglich etwa zwanzig Minuten aufwenden muß, um alles in den Griff zu bekommen. Im Frühjahr erfordert es etwas mehr Zeit, im Sommer und vor allem im Frühherbst wird es entsprechend ruhiger, und im Winter kommt dann die große Ruhepause.

Sie sehen also, daß eine solche Anlage weit weniger Pflegeaufwand benötigt, als Sie angenommen haben. Ich muß nur eindringlich darauf hinweisen, daß man die beschriebenen Arbeiten unbedingt regelmäßig durchführt. Werden sie einmal einige Wochen lang vernachlässigt, dann ist es nicht einfach, den Schaden wieder gut zu machen. Ich bin der Meinung, jeder kann dies in der vorgeschlagenen Weise ausführen und darf sich auch durch schlechtes Wetter nicht davon abhalten lassen. Bitte betrachten Sie alles als einen Ausgleichssport, der Ihrer Gesundheit dient. Jeder Aufenthalt an der frischen Luft kann als dahingehender Gewinn bezeichnet werden. Leider ist es mit dem Unkraut allein nicht getan. Alles weitere ist jahreszeitlich bedingt und wird in den folgenden Abschnitten beschrieben. Das Unkraut wurde deshalb voraus besprochen, weil sonst bei den saisonbedingten Arbeiten Wiederholungen unausbleiblich wären. Unabhängig davon kann ich Sie dahingehend trösten, wenn ich Ihnen versichere, daß das Unkrautproblem nur in den ersten Jahren besonders beachtet werden muß. Später dann, wenn die angelegte Pflanzengesellschaft erst einmal richtig Fuß gefaßt hat, bleibt für unerwünschte Störenfriede viel weniger Platz, und wir behalten somit leichter den Überblick.

Frühlingsknotenblumen lieben frischen Boden.

Der Elfenkrokus eignet sich vorzüglich zum Verwildern.

Eines jedoch will ich abschließend sagen, eine Naturgartenanlage verursacht im Schnitt wesentlich weniger Mühe als jegliche Art von Ziergarten. Allein das wöchentliche Rasenmähen, das hier gänzlich wegfällt, bedeutet mehr und anstrengendere Arbeit als alles, was wir für die Erhaltung unseres Wohnbiotops tun müssen.

FRÜHJAHR

Wenn der Winter zu Ende geht und uns die ersten warmen Tage ins Freie locken, dann warten zunächst einmal mannigfaltige Aufräumungsarbeiten auf uns. Die Hinterlassenschaft der kalten Jahreszeit muß man nun beseitigen. Aus den Anlagen entfernen wir liegengebliebene Blätter. Wenn einige empfindliche Pflanzen zum Schutz gegen Winternässe abgedeckt waren, ist es nun an der Zeit, sie wieder freizulegen, damit sie sich ungehindert entwickeln können.

Vielleicht hat der Schnee einige Äste abgebrochen, die weggeräumt werden müssen, und dann wird so mancher Pflanzenrest am Boden liegen, den wir im Herbst abzuschneiden vergessen haben. Mit wenigen Worten gesagt: Jetzt ist die Zeit des Großreinemachens. Diese Arbeiten sind im allgemeinen schnell erledigt, und bald

Schneeglöckchen passen in jede Nachbarschaft.

ist unser Garten wieder aufnahmebereit für das neue Grünen und Blühen. Die Eisdecke unseres Teiches ist inzwischen auch verschwunden, und hier wird mit einem Käscher alles herausgefischt, was auf der Oberfläche herumschwimmt. Vielleicht besteht die traurige Pflicht, einen toten Frosch oder einen Fisch, der den Winter nicht überstanden hat, zu entfernen. Rohrkolben und andere übriggebliebene Pflanzenreste schneiden wir weit unten ab, um nicht den neuen Austrieb zu behindern.

Das wäre zunächst einmal alles, und nachdem auch die Wege gründlich gesäubert wurden, hat man alle Spuren des Winters beseitigt und kann in Ruhe der grünen Jahreszeit entgegensehen. All diese Arbeiten brauchen keineswegs so sorgfältig ausgeführt werden, daß kein Blättchen übrigbleibt. Unser Garten soll ja schließlich natürlich wirken, und draußen wird auch kein Mensch auf die Idee kommen, den Wald sauberzumachen. Die sprichwörtliche Frau Saubermann hat in unserem Wohnbiotop nichts verloren, und man räumt nur da auf, wo etwas wirklich im Weg liegt oder wo etwas so unschön aussieht, daß es unser Auge beleidigt. Blätter und sonstiges, was in irgendwelchen nicht offen einsehbaren Ecken liegt, lassen wir unangetastet verrotten und geben damit vielen Bodenorganismen die Gelegen-

Von besonderem Reiz zeigt sich der sternchenblütige Schneeglanz.

heit, hier ihre Aufgabe zu verrichten. Alles andere werfen wir auf den Komposthaufen und kümmern uns nicht mehr weiter darum. Die Angelegenheit mit dem Unkraut wurde bereits im vorigen Kapitel ausführlich abgehandelt und berührt uns deshalb hier nicht weiter. Es sei noch einmal ausdrücklich darauf hingewiesen, daß wir im Frühjahr dieses Problem beachten müssen und daß dies auch unsere Hauptbeschäftigung während dieser Jahreszeit darstellt. Bald werden nun die Lurche erscheinen. Als erster zeigt sich der Grasfrosch, der manchmal sogar zu einer Zeit laicht, in der das Eis noch nicht einmal ganz geschmolzen ist, dann gehen die Erdkröten ihren Fortpflanzungsgeschäften nach, Molche kann man jetzt auch beobachten, und schließlich recht spät, oft erst Anfang Mai, erblickt man die Wasserfrösche.

Anfänglich brauchen wir uns um dieses ganze Getier nicht zu kümmern, denn alle sind zunächst in Hochzeitsstimmung und haben nichts anderes im Sinn, als einen Geschlechtspartner zu finden. Doch wenn die Laichzeit zu Ende geht, denken sie an andere körperliche Bedürfnisse und entwickeln einen mächtigen Appetit. Stehen nun nicht genug Insekten zur Verfügung, und das ist in den meisten Gärten der Fall, bleibt uns nichts anderes übrig, als bei sonnigem Wetter zu füttern, wenn wir verhindern wollen, daß diese Tiere wieder abwandern.

Dies wird nunmehr ab dem späten Frühjahr bis in den Herbst hinein unsere ständige Aufgabe sein. In Zoogeschäften gibt es Mehlwürmer zu kaufen, und unsere Wasserfrösche werden diese gerne verspeisen. Anfänglich müssen wir dabei die Frösche zunächst an das bisher ungewohnte Futter gewöhnen. Dabei gehen wir so vor, daß wir einige dieser Mehlwürmer auf ein Seerosenblatt werfen, in dessen Nähe ein Frosch sitzt. Er wird sofort aufmerksam, wenn er eine Bewegung wahrnimmt. Ganz leise schleicht er sich an, und im Nu verschwindet der Wurm in seinem breiten Maul.

Bald erwacht die Aufmerksamkeit der anderen Frösche, und mit etwas Ausdauer gelingt es uns, sie an die Futterplätze zu gewöhnen. Nach einiger Zeit finden sie sich schon zur gewohnten Stunde in der Nähe dieser Stellen ein, und damit gestaltet sich für uns die Fütterung zu einem unterhaltsamen Spiel.

Mit viel Geduld kann man es sogar soweit bringen, daß sie auf die Hand springen und dort ihr Futter entgegennehmen. Ich erinnere mich gerne daran, als ich immer am Teich frühstückte, daß meine Frösche rund um den Tisch herum saßen und auf ihre Mehlwürmer warteten.

Mehlwürmer kann man unschwer hältern, indem man sie in einem oben offenen Gefäß aufbewahrt und ihnen als Futter ein Stück altes Brot bietet. Auf diese Weise ist man in der Lage, einen Futtervorrat für ein bis zwei Wochen im Hause zu haben, ohne sich täglich aufs neue eindecken zu müssen.

Auch Eidechsen schätzen solch ein Zubrot und können dabei richtiggehend zahm werden. Ich habe sie seinerzeit auf einen Futterpfiff dressiert, und sie fraßen mir genußvoll aus der Hand. Selbst eine zahme Ringelnatter wurde von mir mit Fischfleisch handgefüttert.

Auch Vögel, vornehmlich Meisen, kann man mit Geduld zutraulich machen, wenn wir ihnen besondere Leckerbissen, wie beispielsweise Pignolien, bieten. Die einzigen, die sich selbst problemlos ernähren können, sind die Molche, die unsere Gewässer frei von Mückenlarven halten. Wenn man im Gartenteich Fische hält, müssen sie auch, je nach Anzahl und Größe, vom Frühjahr bis in den Herbst hinein gefüttert werden. Hierzu wird eine der käuflichen Fischfutter-Sorten benützt, die jeder Zoohändler vorrätig hält. Allerdings will ich nicht vergessen, eindringlich davor zu warnen, mehr Futter in den Teich zu schütten, als die Fische auch tatsächlich annehmen. Andernfalls würde man das Wasser nur mit Nährstoffen übersättigen, die den unerwünschten Algenwuchs fördern könnten. Weil wir gerade vom Teich sprechen, hier fällt nun auch eine wichtige Arbeit an. Man muß laufend kontrollieren, ob sich Algenpolster oder Fadenalgen bilden. Die Polster müssen mit einem Netz herausgefischt werden, und die Fadenalgen entfernen wir in der Art, daß man sie durch Drehen um einen Holzstab wickelt und auf diese Weise aus dem Teich herauszieht. Bitte verfolgen Sie konsequent jeglichen Algenwuchs, denn wenn er einmal überhandgenommen hat, wird es sehr schwer, ihn im Zaum zu halten.

Dasselbe gilt für die Wasserlinsen, jene winzigen grünen Schwimmpflanzen, die einen Teich in Kürze völlig überziehen können und ihn seiner ganzen Schönheit berauben. Auch hier fischen wir beharrlich jedes Pflänzchen heraus, weil dieses wuchernde Wasserunkraut sonst unser ständiger unerwünschter Gast bleibt.

Also: Tiere füttern, Unkraut jäten, den Teich sauber halten und in trockenen Frühjahren ausreichend gießen, das sind unsere Hauptpflegeaufgaben. Ich möchte immer wieder darauf hinweisen, daß die Beschäftigung in einem natürlich angelegten Garten, wenn sich alles eingespielt hat, keinesfalls schwierig oder mühsam ist, wie viele vermuten mögen. Gerade das Füttern der Tiere macht richtig Spaß, und mancher mag es bedauern, wenn sich nach einiger Zeit soviel natürliche Nahrung einstellt, daß man glaubt, darauf verzichten zu müssen. Mensch, Tier und Pflanze le-

Helles Licht wirft tiefen Schatten. Überall findet man Motive.

ben in einem Wohnbiotop friedlich zusammen, und dem Menschen kommt dabei die Aufgabe zu, die anderen Partner des Biotops aufmerksam zu pflegen, wenn diese nicht allein in ausreichendem Maße für sich sorgen können.

Das wäre so ziemlich alles, was uns das Frühjahr an normalen Pflegearbeiten bringt. Falls jedoch neue Pflanzungen geplant sind, kommt noch einiges dazu. Doch dies fällt nicht unter die alltäglichen Pflichten und kann auch nicht in deren Rahmen aufgeführt werden. Dieser freiwillige Mehraufwand endet zwangsläufig zu dem Zeitpunkt, wenn im Garten beim besten Willen nichts mehr Platz hat. Doch wie ich aus eigener Erfahrung berichten kann, neigt man dazu, es zu bedauern, wenn es einmal soweit gekommen ist.

SOMMER

Inzwischen hat der Sommer seinen Einzug gehalten, und damit kommt eine Zeit, die uns weniger Arbeit abfordert. Die Unkrautkeimung läßt merklich nach - nur in verregneten Zeiten muß man weiterhin aufpassen -, und wir haben nun mehr Gelegenheit zu beobachten und zu genießen. Es ist ein herrlicher Zeitvertreib, mit dem Photoapparat Blumen und Tiere auf den Film zu bannen oder in einer ruhigen Stunde vom Sitzplatz aus die Vögel bei ihrem Badevergnügen zu betrachten oder den schillernden Libellen zuzuschauen, wie sie nimmermüde ihre Kreise ziehen.

Unser Garten wurde so gründlich gestaltet, daß er genügend Wasser hält, wenn es auch eine längere Zeit nicht regnet. Erfahrungsgemäß müßte er bis zu vier Wochen Trockenheit aushalten, ohne daß es notwendig wäre zu gießen. Dann aber muß täglich Wasser zugeführt werden, bis es einmal wieder ausgiebig regnet. Ein mehr oder weniger regelmäßiges Übersprühen, selbst an heißen Tagen, deckt den Bedarf in unseren Anlagen. Doch auch bei gelegentlichem Regen dürfen wir uns nicht täuschen lassen. Es gibt immer Stellen, die weniger Wasser abbekommen, und da muß man eben nachhelfen. Der geschickte Beobachter wird es nach einiger Übung schnell merken, wo und wann er einzugreifen hat, um Trockenschäden zu vermeiden.

Natürlich gilt dies alles nur für fest eingewurzelte Gewächse; neue Pflanzungen sind wesentlich empfindlicher und bedürfen einer aufmerksameren Kontrolle, zum Beispiel krautige Pflanzen im ersten Jahr. Bäume und Sträucher jedoch sollte man zwei Jahre lang besonders pfleglich behandeln.

Nun einige Worte über das Gießen als solches. Nur frisch gepflanzte Gewächse, gleichgültig ob Kräuter oder Bäume, dürfen mit hartem Strahl gewässert werden. Später muß man auf die Kanne immer eine Brause setzen oder für den Schlauch

Als wahres Schmuckstück wirkt der Türkenbund mit seinem eindrucksvollen Blütenstand.

Der Wunschtraum jedes Gartenbesitzers ist solch ein satter Horst von Frauenschuhen.

eine spezielle Verteilertülle benutzen. Der Sinn dieser Maßnahme liegt darin, daß mit dem harten Strahl zunächst die Erde in feste Verbindung mit den Wurzeln gebracht wird. Bei laufender Verwendung würde diese jedoch verschlammen und so das Wachstum der Pflanze gefährden.

Eines jedoch ist besonders wichtig: Man darf immer nur am Abend gießen. Dabei kann die Pflanze während der Nacht ihr Wasserreservoir auffüllen und so gerüstet in den nächsten sonnigen Tag gehen. Bei Gießen am Morgen oder gar während des Tages läßt sie sich täuschen und macht ihre

Vor allem Hummeln schätzen den roten Fingerhut.

Spaltöffnungen auf, weil sie glaubt, es würde regnen. Da man Pflanzen nicht zu den intelligenten Lebewesen rechnen kann, merken sie viel zu spät, daß sie mehr Wasser abgeben als sie aufnehmen können. Diese Regel gilt es eisern zu beachten. Nur in Notfällen darf einmal davon abgegangen werden.

Das regelmäßige Füttern der Tiere, das Abfischen von Algen und Wasserlinsen im Teich und - falls nötig - das ausreichende Gießen, hierin erschöpft sich unsere sommerliche Tätigkeit, und es ist kaum anzunehmen, daß wir uns damit überfordert fühlen. Von diesen zumutbaren Kleinigkeiten abgesehen, können wir unser Wohnbiotop in der warmen Jahreszeit so richtig genießen.

HERBST

Der Frühherbst gleicht in bezug auf unsere Pflichten noch sehr dem Spätsommer, das heißt, daß normalerweise auch nicht viel Arbeit anfallen wird, falls wir nicht wiederum neue Pflanzungen vornehmen. Ab Mitte Oktober ändert sich dies dann allerdings beträchtlich.

Wenn es nicht genügend regnet - der Herbst bringt erfahrungsgemäß oft Wochen schönsten Wetters -, müssen besonders Bäume und Sträucher wiederum gründlich gewässert werden. Wird dies versäumt, können wir im nächsten Frühjahr böse Überraschungen erleben. Diese Pflanzen, vor allem die empfindlicheren unter ihnen, laufen dann Gefahr, zurückzufrieren oder gar völlig einzugehen. Alle holzigen Gewächse sind darauf angewiesen, mit einem ausreichenden Wasservorrat in den Winter zu gehen, denn aus dem gefrorenen Boden können sie keinen Nachschub holen. Man kann mit anderen Worten Erfrieren beinahe als Vertrocknen bezeichnen.

Am Teich gibt es auch allerhand zu tun. Pflanzen, die während der warmen Jahreszeit zu stark ins Kraut geschossen sind,

Vom Spätsommer bis zu den ersten Frösten blühen die Alpenveilchen.

müssen wir jetzt auslichten. Dies gilt besonders für halbschwimmende Unterwasserpflanzen, wie beispielsweise das Hornkraut, dessen Sprosse, wenn sie absterben, eine große Menge Biomasse ergeben, die den Sauerstoffhaushalt des Wassers belasten würde.

Dabei muß berücksichtigt werden, daß man mit diesem Pflanzenmaterial oftmals viele Kleinorganismen an Land zieht, wie beispielsweise Libellenlarven, Wasserläufer, Rückenschwimmer und ähnliches. Hier kann man den Verlust so gering wie möglich halten, indem man all diese Pflanzenteile in einem wassergefüllten Plastikbehälter, der so groß wie möglich sein sollte, abspült, bevor das Abfallmaterial auf dem Kompost landet. Die meisten dieser kleinen Lebewesen verbleiben in dem Wasser des Behälters und kommen so wieder in den Teich zurück.

Auch die Seerosenblätter werden jetzt abgeschnitten. Rohrkolben und andere Uferpflanzen kürzen wir, sobald sie ihre grüne Farbe verlieren, doch niemals bis ganz unten, weil die Hohlräume der Stengel geeignete Winterquartiere für manche Insekten ergeben.

Genauso wird bei krautigen Landpflanzen verfahren, aber bei größeren Gewächsen lassen wir ebenfalls die Stümpfe der Stengel stehen. Im Laufe des Sommers

Der Ziegenbart kann beträchtliche Ausmaße erreichen.

Im richtigen Boden gedeihen viele Pilze.

kann man beobachten, wo sich Kokons von Spinnen befinden, und die betreffenden Pflanzen bleiben gleichermaßen geschont. Im Frühjahr ist immer noch Zeit genug, die Reste zu entfernen.

Das herbstliche Laub, das uns einige Wochen mit den prächtigsten Farben erfreut hat, wird nun abgeworfen. Sein Zusammenkehren bringt oft unverhältnismäßig viel Arbeit, weil der Laubfall nicht auf einmal erfolgt. Kaum glaubt man, die Wege und Anlagen sind endlich sauber, dann scheint am nächsten Tag die Mühe schon wieder umsonst gewesen zu sein. Frühestens nach den ersten Frösten können wir damit rechnen, daß endlich alles Laub am Boden liegt, und es ist oft recht unangenehm, bei nassem und kaltem Wetter diese Arbeiten verrichten zu müssen. Doch es bleibt einem gar nichts anderes übrig, denn wenn man alles liegen ließe, hätten wir im Frühjahr die Aufgabe, das durch den Schnee zusammengedrückte und nasse Laub zu entfernen, eine Tätigkeit, die nicht nur sehr schwer, sondern auch besonders unangenehm wäre. Sie werden sicher meinen Worten entnehmen, daß mir die herbstlichen Laubaufräu-

Die Blätter des Prachtglockenstrauches färben sich im Herbst gelb.

mungsarbeiten die allerunangenehmsten sind. Trotzdem nehme ich sie mehr unwillig als willig in Kauf, weil Laubbäume für unsere Vögel große Bedeutung haben. In meinem relativ kleinen Grundstück stehen zwei Birken, ein Ahorn und eine Linde, und gerade die beiden letzteren halten mich ganz schön in Trab, weil ich bei diesen mit einem doppelten Abwurf zu rechnen habe, einmal die Früchte und dann das Laub. Die Früchte keimen munter in meiner Anlage und stellen mich im Frühling vor die weitere unangenehme Aufgabe, die rege wachsenden Sämlinge entfernen zu müssen. Also nochmals mein Rat: Wenn Sie solche Bäume auf Ihrem Grundstück haben, dann bleibt Ihnen wohl oder übel nichts anderes übrig, als mit ihnen zu leben. Falls sich jedoch die Möglichkeit bietet, neu zu pflanzen, dann wählen Sie etwas anderes, möglichst etwas Exotisches, was bei uns nicht so groß wird. Verzichten Sie aber trotz allem nicht auf Laubgehölze, denn für unsere Vogelwelt sind sie unentbehrlich.

Sollten Sie in Ihrem Teich Fische überwintern wollen, wäre es sehr zweckmäßig, eine Luftpumpe anzuschließen, um den

Der zauberhafte Herbstschmuck einer Buche. Nur in großen Gärten bleibt Platz für diesen Baum.

Sauerstoffgehalt im Wasser zu erhöhen. Das Eis liegt normalerweise niemals direkt auf der Wasserfläche, da das Wasser seine größte Dichte bei 4° C hat. Somit wird sich immer zwischen Wasser und Eisdecke eine Luftschicht bilden, und von deren Sauerstoffgehalt hängt es ab, ob Ihre Fische den Winter überleben oder nicht. Wenn Sie die Pumpe benützen, steht immer soviel Sauerstoff zur Verfügung, daß es genügen wird. Ganz schlimm kann es nur dann werden, wenn im ausgehenden Winter die Eisdecke schmilzt und auf dem Wasser schwimmt. Eine neue Kälteperiode könnte eine zweite Eisschicht schaffen, ohne

o: Japanische Ahorne übertreffen sich im Herbst gegenseitig an Farbe.
u: Durch die vielen bunten Blätter gestaltet sich der Herbst im ausgehenden Jahr zu einer hohen Zeit.

daß die schützende Luft dazwischen liegt. Wenn Sie in so einem Falle keine Pumpe angeschlossen haben, müssen Sie mit empfindlichen Verlusten rechnen.

Die Frösche brauchen Ihnen weniger Sorge zu bereiten. Sie überwintern zwar auch unter Wasser, sie befinden sich jedoch in einer Art Winterstarre, haben ihre Herztätigkeit auf vier Schläge pro Minute herabgesetzt und atmen durch die Haut. Sie sind damit imstande, viel mehr zu ertragen als die Fische.

Jetzt ist es auch höchste Zeit, die Vogel-Nistkästen zu reinigen und von Ungeziefer zu befreien. Ich gebe immer in die

Auch Herbstzeitlosen dürfen nicht fehlen. Sie verleihen dem Spätsommer einen Hauch von Frühling. Besonders zierend zeigen sich die bunten Früchte mancher Sträucher, wie hier das Pfaffenhütchen.

schmutzfreien Kästen eine Handvoll sauberer Hobelspäne und habe damit die Erfahrung gemacht, daß sie so von den Vögeln lieber angenommen werden. Fördern Sie bitte besonders Meisen, Kleiber und Specht, weil gerade diese Vögel wichtige Helfer bei der Schädlingsbekämpfung sind. Auch der Gartenrotschwanz liebt eine Nistgelegenheit, allerdings in Form einer Halbhöhle. Sie können sich in Ihrem Gartencenter über die verschiedenen Typen informieren, und wenn Sie neue Nistkästen anzubringen gedenken, ist gerade jetzt die richtige Zeit dazu. Besonders die Meisen wählen schon oft im Spätherbst den Platz aus, an dem sie im Frühjahr brüten wollen. Auch benützen sie häufig die Kästen in der kalten Jahreszeit zum Übernachten. Nur am Rande sei vermerkt, daß Nistkästen nicht der prallen Sonne ausgesetzt sein dürfen und daß die Einschlupföffnungen stets nach Südosten weisen sollen.

Sobald die ersten Fröste den Boden erstarren lassen, ist es Zeit, empfindliche krautige Pflanzen mit Folie oder mit einer Steinplatte abzudecken.

Es geschieht dies nicht wegen der Kälte, sondern zum Schutz gegen winterliche Nässe.

Solche Pflanzen können es nicht ertragen, wenn der Boden mitten im Winter auftaut und dann wieder gefriert, wie es bei uns nicht selten vorkommt. Meist sind dies gerade die schönsten Gewächse, wie Orchideen, vornehmlich Frauenschuhe aus fernen Ländern, die es allemal wert sind, geschützt und erhalten zu werden; erfreuen sie uns doch im nächsten Frühling durch die schönsten Blüten!

Nunmehr hätten wir alles erledigt, was im Herbst auf uns zukommt, und wir können in Ruhe der kalten Jahreszeit entgegensehen.

WINTER

Im Garten ist es jetzt recht ruhig geworden. Alles verbirgt sich unter der Schneedecke und wartet auf den nächsten Frühling. Wenn wir vom lästigen Schneeräumen absehen wollen, das zudem nicht als eigentliche Gartenarbeit gelten kann, haben wir nur noch die Aufgabe, unsere Vögel zu füttern.

Dies ist eine sehr wichtige und auch ernstzunehmende Verpflichtung, denn Vögel können wegen ihres hohen Energieverbrauches nicht länger als einen Tag hungern, und da sie in unserem Garten kaum genug zu fressen finden, muß wieder einmal der Mensch für die Insassen seines Wohnbiotops sorgen. Richten Sie also ausreichend Futterstellen ein, und zwar getrennt für Weichfresser und für Körnerfresser. Die Meisen nehmen gerne Erdnußbruch, den man um diese Jahreszeit billig erwerben kann und der in einen Behälter mit kleinen Schlupflöchern eingebracht wird.

o: Selbst ein grauer Wintertag überrascht uns durch reizvolle Motive.

u: Wenn gar die Sonne scheint, kann selbst ein Wintertag zum Erlebnis werden.

Auch Kleiber und Specht suchen solche Futterstellen auf, wobei der Specht die unangenehme Eigenschaft hat, die Einschlupflöcher zu vergrößern. Dies müssen wir wohl in Kauf nehmen und gelegentlich die Behälter durch neue ersetzen. Amseln und Rotkehlchen bevorzugen das käufliche Weichfutter, das auf Haferflockenbasis zubereitet wird und auch überall erhältlich ist. Buchfink, Grünfink, Dompfaff und auch der mancherorts sehr selten gewordene Spatz mögen Körnerfutter. Auch hier gibt es geeignete Mischungen zu kaufen. Sehr beliebt sind auch die bekannten Futterringe oder Futterknödel, die man an geeigneten Ästen aufhängt und bei denen wir mit stetem Besuch verschiedenster Vögel rechnen können. Außer den letzteren müssen also drei verschiedene Futterstellen

Den Vögeln stehen jetzt harte Zeiten bevor, und es bleibt unsere Aufgabe, für sie zu sorgen.

unterhalten werden, wenn wir unsere Vogelwelt heil durch den Winter bringen wollen. Zuweilen werden wir es auch erleben, daß sogenannte Wintergäste bei uns auftauchen, das sind solche, die vom hohen Norden kommen und bei uns den Winter verbringen. Meist handelt es sich um Bergfinken, Zeisige und sehr selten auch manchmal um die prachtvollen Seidenschwänze. Sie sind sogenannte Teilzieher, und wo sie genug zu fressen finden, da bleiben sie, bis sie im Frühjahr wieder die Reise nach Norden antreten. Wenn ihnen genug Futter geboten wird, dann werden

Spuren im Schnee geben Aufschluß über die Anwesenheit von Tieren, die man normalerweise selten sieht. Unter der Eisdecke des Teiches warten viele Lebewesen auf den nächsten Frühling.

Der Zeisig, ein regelmäßiger Wintergast. Er erwartet von uns, hinreichend gefüttert zu werden.

wir im Winter mehr Vögel um uns haben als in der warmen Jahreszeit.

So kann man im Winter alles, was sich sonst um unseren Garten dreht, getrost vergessen. Die Vögel bieten uns Ersatz dafür, und sie vom warmen Zimmer aus zu beobachten macht viel Freude, vor allem, wenn man immer wieder einen entdeckt, den man vorher noch nie gesehen hat. Daraus ergibt sich, daß alle Futterstellen an leicht einsehbaren Plätzen angebracht werden sollen. Natürlich, und das darf man nicht verschweigen, bringen die vielen Vögel auch Schmutz mit sich. Doch darin sehe ich kein größeres Problem; entweder man stellt die Futterstellen auf eine Plastikfolie, oder man entfernt ihn einfach im nächsten Frühjahr. Frau Saubermann wird dies zwar beanstanden, aber die hat ohnehin in unserem Wohnbiotop nichts verloren.

Ungebetene Gäste

Zum Schluß noch einige Worte, die ich lieber gar nicht schreiben würde. Es handelt sich um das, was wir als Schädlinge bezeichnen. Die Einteilung in die Begriffe schädlich und nützlich liegt mir ohnehin nicht besonders, weil diese Qualifikation zu sehr von menschlichen Gesichtspunkten aus geprägt wurde. Hier möchte ich an meine Definition des Unkrauts erinnern, daß alles als Unkraut gelten kann, was sich so stark vermehrt, daß andere Gewächse verdrängt werden.

Bei den tierischen Schädlingen ist es wohl ebenso, und nur das, was wirklich fühlbare Schäden bringt, sollte so bezeichnet werden. Ich denke da zum Beispiel an den Rhododendron-Rüsselkäfer, der halbkreisförmige Stücke aus den Blättern herausschneidet. Diesen Käfer habe ich schon seit vielen Jahren in meinem Garten, aber da er noch nie ernsteres Unheil angerichtet hat, lasse ich ihn gewähren. Eine einzelne Blattlaus stört mich überhaupt nicht. Wenn Parasiten aber in so großer Zahl auftreten, daß sie drohen, eine wertvolle Pflanze zum Absterben zu bringen, dann muß selbst ich dagegen vorgehen. Ich tue dies allerdings nur mit äußerster Vorsicht und streng örtlich begrenzt und würde nie auf die Idee kommen, eine großflächige Maßnahme einzuleiten.

Normalerweise nehmen mir immer die Marienkäfer mit ihren gefräßigen Larven eine solche Arbeit ab, und ich konnte schon manchen Erfolg verbuchen, wenn ich einige solcher Käfer auf die betreffende Pflanze gesetzt habe.

Auch die Seerosenblätter können immer wieder gelegentlich verlaust sein. Hier versuche ich durch Untertauchen die Parasiten zu entfernen und wenigstens zum größten Teil zu ertränken. In diesem Fall bleibt mir auch gar nichts anderes übrig, denn am Teich gilt die eiserne Regel, niemals Schädlingsvertilgungsmittel einzusetzen, weil diese das ganze Wasser vergiften würden.

Nur in allergrößten Notfällen lasse ich mich zu einem solchen Mittel überhaupt hinreißen, wenn beispielsweise ein wertvoller Frauenschuh stark befallen ist und meine Marienkäfer nicht mehr helfen können. Hier greife ich zu einem Pyrethrumhaltigen Mittel, aber nur streng begrenzt auf diese einzige Pflanze.

Auch das Lilienhähnchen, ein wunderschöner, siegellackroter Käfer, der es auf meine Türkenbunde und andere Lilien abgesehen hat, wird auf diese Weise bekämpft, indem ich die einzelne Pflanze abstäube. Dies tue ich aber niemals vorbeugend, sondern nur, wenn ein Befall festgestellt wurde. Jahrelang versuchte ich, die Käfer durch Absammeln zu dezimieren, doch der Erfolg hielt sich in engen Grenzen.

Im Laufe der Zeit verschwand nahezu mein ganzer Türkenbundbestand. Diese Käfer sind nämlich ganz raffinierte Biester: Sobald sie merken, daß ihnen jemand an den Kragen will, lassen sie sich fallen und sind dann nur noch sehr schwer auszumachen. So haben offensichtlich immer einige überlebt und konnten ihr zerstörerisches Werk fortsetzen. Das Einstäuben jedoch halten weder sie noch ihre Larven aus, und meine Türkenbunde begannen, sich wieder zu erholen.

Wie Sie aus dem Gesagten ersehen, gehe ich mit solchen Mitteln sehr sparsam um und verwende zudem nur das relativ harmlose Pyrethrum. Ausgesprochene Gifte meide ich. Allerdings muß ich auch zugeben, daß mein Garten nur wenig unter Schädlingen zu leiden hat, und führe dies auf die jahrelang ausgeübte Kompostwirtschaft zurück. Erfahrungsgemäß werden gesunde Pflanzen kaum befallen, es sei denn von ausgesprochenen Spezialisten, wie beispielsweise dem Lilienhähnchen.

Doch leider muß ich nunmehr ein Thema anschneiden, über das ich nicht gerne spreche. Es handelt sich um die Schnecken und speziell um die nackten unter ihnen.

Einst, als sie noch in den Wäldern lebten, ernährten sie sich fast ausschließlich von Pilzen und Algen, von niederen Pflanzen also, mit deren Verzehr sie keinen Schaden anrichten konnten. Seit sie aber in unseren Gärten Fuß faßten, haben sie sich nicht nur unmäßig vermehrt, sondern sich auch zu ausgesprochenen Spezialisten entwickelt. Sie fressen nicht etwa Löwenzahn und Gänseblümchen, was wir ihnen gerne gönnen würden, sondern ausgerechnet die wertvollsten Pflanzen, wie Enziane, Orchideen und ähnliches. Ließe man sie gewähren, müßten wir auf die Kultur solcher Pflanzen restlos verzichten.

Ich habe zunächst jahrelang versucht, durch nächtliche Jagd mit Taschenlampe und Minischaufel solche Tiere einzusammeln und durch Überbrühen abzutöten, eine Arbeit, die mich anekelte und mir ausgesprochen gegen den Strich ging. Ich kann Ihnen nur versichern, der Erfolg war gleich null. Weiterhin wurde getestet, Teller mit Bier aufzustellen, die auch täglich mit toten Schnecken gefüllt waren. Auch das war eine recht unappetitliche Tätigkeit, die im Endeffekt keinen sichtbaren Erfolg brachte.

Schließlich griff ich in meiner Machtlosigkeit zum Schneckenkorn. Hiermit war mir endlich ein positives Ergebnis beschieden. Ich pflege alle gefährdeten Pflanzen durch „Sperrgürtel“ zu schützen und habe seitdem keine Probleme mehr. Dieses Mittel wird erstmals im ausgehenden Winter angewendet, und damit erreiche ich, daß die erste Mahlzeit dieser unangenehmen Gartenbewohner auch gleichzeitig ihre letzte bleibt. Regelmäßig wiederhole ich das Ausstreuen, vor allem nach starken Regengüssen, und habe seitdem keine Ausfälle mehr. Die Partien, in denen sie nur geringen oder gar keinen Schaden anrichten können, bleiben unberührt.

Ich bedaure, dies sagen zu müssen, aber ich weiß mir nicht anders zu helfen. Allerdings habe ich auch noch nie andere tote Tiere als Schnecken gefunden und glaube, daß die häufig zu hörenden Warnungen kaum begründet sind. Meine Hand kann ich allerdings nicht dafür ins Feuer legen.

Wer ganz sicher gehen will, dem empfehle ich, einen solchen „Sperrgürtel“ entlang der Grundstücksgrenzen zu streuen, um damit ein für allemal Ruhe vor diesen gefräßigen Plagegeistern zu haben. Ich hätte liebend gerne auch hier etwas anderes angewendet, wenn es wirksam schützen könnte, doch ich sehe mich vor die Wahl gestellt: entweder schöne und seltene Pflanzen oder Schnecken. Genau betrachtet gibt es hier überhaupt keine Alternative.

Schlussbetrachtung

Nun habe ich Ihnen die verschiedensten Möglichkeiten geschildert, wie Sie zu einem Wohnbiotop kommen. Freilich müssen Sie nicht unbedingt den Ehrgeiz entfalten, alle Landschaftstypen zu verwirklichen. Alles, was ich sagte, soll nur als Anregung dienen. Vielleicht entschließen Sie sich dazu, lediglich einen Teich anzulegen, in den Sie ohne Schwierigkeit einen kleinen Sumpf integrieren können, und gestalten dann den Rest des Grundstückes als Heide mit einer Randbepflanzung aus Wacholder, Kiefern oder auch kleineren Birken.

Anstelle der Heide läßt sich auch eine Blumenwiese schaffen, eingegrenzt von Bäumen und Sträuchern Ihrer Wahl. Es hängt alles ganz von Ihrem Geschmack ab und Ihrem Interesse an seltenen Pflanzen. Die Tierwelt, die Sie zu erwarten haben, wird sich in erster Linie vom Wasser angezogen fühlen. Vielleicht müssen Sie einige Einschränkungen in Kauf nehmen, weil Eidechsen beispielsweise einen Trockenrasen oder eine Steinflur-Anlage brauchen. In einer Blumenwiese werden sie sich kaum ansiedeln.

Doch darauf kommt es auch nicht an. Der wesentliche Punkt wird immer die Tatsache bleiben, daß Sie sich in der von Ihnen geschaffenen Anlage wohlfühlen.

Gehen Sie bei der Planung mit großer Überlegung vor, lassen Sie sich möglicherweise einen Winter Zeit dazu, prüfen Sie die Sonnenverhältnisse und die sonstigen wichtigen Voraussetzungen. Auf jeden Fall müssen Sie sich darüber im klaren sein, daß spätere Veränderungen einen großen Aufwand und viel Mühe bedeuten. Sie hatten Gelegenheit, aus meinen Fehlern zu lernen, denn alles, was ich Ihnen vorgeschlagen habe, beruht auf eigener Erfahrung, und das viele Lehrgeld, das ich zahlen mußte, können Sie sich weitgehend ersparen.

Wenn ich Sie veranlassen konnte, Ihren Garten so zu gestalten, daß ein Dorado für Mensch, Tier und Pflanze daraus entsteht, dann sehe ich nicht nur mein Ziel erreicht, sondern auch Sie können in dem Bewußtsein leben, Ihren Beitrag zur Erhaltung der Natur geleistet zu haben.

Als Lohn dafür winkt Ihnen die Aussicht, ein Leben lang Ihr Wohnbiotop genießen zu dürfen.

Allein dadurch werden sich alle anfänglichen Mühen bezahlt machen und Ihnen besonders dann ein kleines Stückchen Glückseligkeit und Zufriedenheit sichern, wenn sich die Kultursteppe noch weiter um uns ausbreitet. Eine Oase in der Wüste gehört dann Ihnen!

LITERATURVERZEICHNIS

BAENSCH, PAFFRATH, SEEGERS, Gartenteich-Atlas, Mergus, 1992

BAETZNER, Natursteinarbeiten des Landschaftsgärtners, Ulmer, 1968

BAUCH, Die einheimischen Süsswasserfische, Neumann, 1966

BECK, Der optimale Gartenteich, Adaquadocumenta, 1988

BECK, Mini-Wassergärten, Kosmos, 1992

BELLMANN, Spinnen, Neumann, 1984

BERG-HEFT, Rhododendron, Ulmer, 1969

BOERNER, Blütengehölze für Garten und Park,Stichnote, 1961

BOERNER, Nadelgehölze für Garten und Park,Stichnote, 1969

BRINK van den, Die Säugetiere Europas, Parey,1972

BRUUN, SINGER, KÖNIG, Europas Vogelwelt in Farben, Kosmos Franckh, 1971

CARTER, HARGREAVES, Raupen und Schmetterlinge Europas, Parey, 1987

CHINERY, Pareys Buch der Insekten, Parey, 1987

DENKEWITZ, Heidegärten, Neumann, 1987

EBERLE, Stein, Kraut und Tier, Kramer 1956

EBERLE, Gesteinsflur, Vorbild unserer Steingärten,Kramer, 1963

EISELT, Bodendeckende Pflanzen, Neumann-Neudamm, 1969

EISELT, SCHROEDER, Nadelgehölze, Neumann,1974

ELLENBERG, Vegetation Mitteleuropas mit den Alpen, Ulmer, 1963

ENGELHARDT, Was lebt in Tümpel, Bach und Weiher?, Kosmos, 1959

FELDMAIER, Die neuen Lilien, Ulmer, 1967

FELDMAIER, Lilien, Ulmer,1982

FELIX, HISEK, Vögel in Wald und Gebirge, Artia,1977

FOERSTER, Einzug der Gräser und Farne in die Gärten, Neumann, 1957

FOERSTER, Der Steingarten, Neumann, 1962

FOERSTER, Neuer Glanz des Gartenjahres, Neumann, 1969

FRANK, Zwiebel- und Knollengewächse, Ulmer,1986

FRICKHINGER, LADIGES, WIESER, Der neue Gartenteich, Tetra, 1991

FRICKHINGER, Fossilien Atlas-Fische, Mergus, 1991

FROMMHOLD, Lurche und Kriechtiere Mitteleuropas, Neumann, 1959

GLASAU, Sommergrüne Ziergehölze, Parey, 1967

GOOCH, Der andere Garten, Landbuch, 1962

GRZIMEK, Tierleben, Kindler, 1969

HEGI, Illustrierte Flora von Mitteleuropa, Parey, 1969/79

HEGI-MERXMÜLLER, Alpenflora, Hanser, 1963

HEIMER, Wunderbare Welt der Spinnen, Landbuch, 1988

HEIMER,NENTWIG, Spinnen Mitteleuropas, Parey, 1991

HEINZE, FITTER, PARSLOW, Pareys Vogelbuch, Parey, 1972

HERKNER, Rund um den Wassergarten, BLV,1978

HIGGINS, RILEY, Die Tagfalter Europas und Nordwestafrikas, Parey, 1971

HOFMANN, KAPLICKA, Ziersträucher, Artia 1969

HOLCIK, MIHALIK, Süsswasserfische, Artia,1970

JACOBS, RENNER, Taschenlexikon zur Biologie der Insekten, Fischer 1974

JACOBS, RENNER, Systematische Zoologie: Die Insekten, Fischer, 1975

JURITZA, Welche Libelle ist das?, Kosmos, 1988

KERNEY,CAMERON,JUNGBLUTH, Die Landschnecken Nord- und Mitteleuropas, Parey 1979

KÖHLEIN, Saxifragen, Ulmer, 1992

KÖHLEIN, Enziane und Glockenblumen, Ulmer,1986

KÖHLEIN, Nelken, Ulmer, 1990

KÖHLEIN, Freilandsukkulenten, Ulmer, 1977

KÖHLEIN, Primeln, Ulmer 1984

KÖHLEIN, Iris, Ulmer, 1981

KRIECHBAUM, Alpenpflanzen im Garten, Parey,1960

KRÜSSMANN, Rhododendron, Parey, 1968

KRÜSSMANN, Die Nadelgehölze, Parey, 1960

KRÜSSMANN, Die Laubgehölze, Parey 1965

LADIGES, VOGT, Die Süßwasserfische Europas, Parey, 1965

LUDWIG, Tiere im Gartenteich, BLV, 1987

LUNDBECK, Wasserpflanzen im Garten, BLV, 1968

MÄGDEFRAU, Paläobiologie der Pflanzen, Fischer, 1956

MAKATSCH, Die Vögel in Feld und Flur, Neumann, 1969

MAKATSCH, Die Vögel in Haus, Hof und Garten, Neumann, 1956

MAKATSCH, Die Vögel in Wald und Heide, Neumann, 1959

MEYER, Gefährten des Gartenjahres, Parey, 1960

MIESSNER, Das Heidegartenbuch, Deutscher Landwirtschaftsverlag, 1970

NES van, Iris im Garten, BLV, 1967

NICOLAISEN, Frühling im Garten, BLV, 1963

OBERDORFER, Pflanzensoziologische Excursionsflora für Süddeutschland, Ulmer, 1970

OLDEHOFF, Wunderwelt Wasser, Kernen, 1967

OUDSHOORN, Farne für Haus und Garten, Ulmer,1986

PETERSON, Die Vögel Europas, Parey, 1965

RAUSCHERT, Wiesen- und Weidepflanzen, Neumann, 1965

RICHTER, KLAUSNITZER, Tiere im Naturgarten, Vernetztes Leben, Landbuch, 1990

SADOVSKY, Orchideen im eigenen Garten, BLV, 1965

SAUER, Bienen, Wespen und Verwandte, Fauna-Verlag, 1985

SAUER, Fliegen und Mücken, Fauna-Verlag, 1991

SAUER, Wasserinsekten, Fauna-Verlag, 1988

SAUER, Tiere in Bach und Weiher, Hallwag, 1979

SAUER und WUNDERLICH, Die schönsten Spinnen Europas, Fauna-Verlag, 1991

SCHACHT, Blumenzwiebeln für Garten und Heim, Ulmer, 1955

SCHACHT, Frühlingsboten, Ulmer, 1971

SCHACHT, Der Steingarten und seine Welt, Ulmer, 1955

SCHMEIL-FITSCHEN, Flora von Deutschland, Quelle & Meyer, 1965

SEIFERT. Kompost, Krug, 1965

SYNGE, Gartenfreude durch Blumenzwiebeln, Neumann, 1961

TRUTNAU, Europäische Amphibien und Reptilien, Belser, 1975

WERMUTH, Taschenbuch der heimischen Amphibien und Reptilien, Urania, 1957

WESENBERG-LUND, Biologie der Süßwassertiere, Springer, 1939

WEYMAR, Buch der Moose, Neumann, 1958

WEYMAR, Buch der Gräser und Binsengewächse, Neumann, 1963

WIESER, Mein Gartenteich, Tetra, 1985

ZAHRADNIK, Käfer Mittel- und Nordwesteuropas, Parey, 1985

ZEISKE, PLOMANN, Fisch- und Gewässerkunde, Sportverlag, 1980